W0263399

Reihe Informationstechnik

Herausgegeben von Dr. Harald Schumny

Die Fachbuchreihe *Informationstechnik* richtet sich an Studierende und Lehrende der Fachschulen Technik und Fachhochschulen.

Die Bände dieser Reihe sind formal, inhaltlich und in ihrem didaktischen Aufbau aufeinander abgestimmt und verzahnt. Sie sollen das *Lernen in einem Lernsystem* ermöglichen:

Der Leser kann diese Reihe entsprechend seinem Bildungsstand und Bildungsziel nutzen, indem er

— Einzelbände der Reihe auswählt, da mit jedem Buch unabhängig von anderen Büchern der Reihe gearbeitet werden kann,
— die Bücher parallel oder aufeinanderfolgend einsetzt, da die Bücher gekennzeichnet sind durch gleichen Aufbau, gleiche Bezeichnungsweise und Kapitelverweise auf andere Bände der Reihe.

Besonderer Wert wird auf eine umfassende Vermittlung des jeweiligen Grundlagenwissens gelegt. Entsprechend dem Unterricht an Fachschulen und den Ausbildungszielen für Ingenieurstudenten wird der Stoff anschaulich und anwendungsnah dargestellt. Jedes Lehrbuch enthält zahlreiche Bilder, Zeichnungen, Tabellen und viele Beispiele aus der Praxis. Kurze Zusammenfassungen der einzelnen Abschnitte, Hervorhebung wichtiger Merksätze, Literaturverweise und Aufgaben unterstützen den Studierenden wirkungsvoll beim Durcharbeiten des Lehrstoffes.

Bereits erschienen sind folgende Bände:

Datenverarbeitung
Harald Schumny Digitale Datenverarbeitung für das technische Studium
Harald Schumny Arbeitsbuch Digitale Datenverarbeitung

Programmierung
Wolfgang Schneider FORTRAN Einführung für Techniker
Wolfgang Schneider BASIC Einführung für Techniker

Übertragungstechnik
Harald Schumny Signalübertragung Lehrbuch der Nachrichtentechnik und Datenfernverarbeitung

Wolfgang Schneider

BASIC

Einführung für Techniker

2., durchgesehene Auflage

Friedr. Vieweg & Sohn   Braunschweig / Wiesbaden

CIP-Kurztitelaufnahme der Deutschen Bibliothek

Schneider, Wolfgang:
BASIC: Einf. für Techniker / Wolfgang Schneider.
– 2., durchges. Aufl. – Braunschweig, Wiesbaden:
Vieweg, 1979.
  (Viewegs Fachbücher der Technik: Informations-
  technik)
  ISBN 978-3-528-14052-6   ISBN 978-3-322-85407-0 (eBook)
  DOI 10.1007/978-3-322-85407-0

1. Auflage 1978
2., durchgesehene Auflage 1979

Satz: Friedr. Vieweg & Sohn, Braunschweig

Umschlaggestaltung: Hanswerner Klein, Leverkusen

ISBN 978-3-528-14052-6

Vorwort

Die Programmiersprache BASIC ist eine einfache, leicht verständliche und leicht erlernbare Programmiersprache für alle Zwecke. Daher eignet sie sich besonders für Programmieranfänger.

Abweichend zum ursprünglichen "Dartmouth-BASIC" gibt es inzwischen verschiedene BASIC-Versionen, die die ursprüngliche Programmiersprache um einige Möglichkeiten ergänzen. Der BASIC-Befehlsvorrat, auf den in diesem Buch näher eingegangen wird, wurde so ausgewählt, daß er praktisch in allen modernen BASIC-Versionen der DVA-Hersteller vorhanden ist und der gleichzeitig vollkommen ausreicht, jedes beliebige Problem in der Programmiersprache BASIC zu programmieren.

In den einzelnen Kapiteln dieses Buches wurde besonderer Wert auf einprägsame Merksätze und lehrreiche Beispiele und Übungen gelegt. In einer Zusammenfassung am Ende eines jeden Kapitels wird das Wichtigste zum Nachschlagen und zum Wiederholen konzentriert wiedergegeben.

Vollkommen programmierte Beispiele zeigen, wie man das Wissen der einzelnen Kapitel anwendet, um vollständige Programme zu schreiben.

Dieses Buch wendet sich vorwiegend an Programmieranfänger und Studierende an Fachschulen und Fachhochschulen.

Wolfgang Schneider

Inhaltsverzeichnis

1. Grundlagen der Datenverarbeitung

1.1. Der Begriff der Datenverarbeitung

In fast allen Bereichen des täglichen Lebens erleichtern Computer dem Menschen die Arbeit. Der Begriff „Computer" kommt aus dem Englischen und heißt zu deutsch nichts anderes als „Rechner". Dies weist darauf hin, daß das Rechnen früher zu den Hauptaufgaben eines Computers gehörte. Heute haben sich die Computer jedoch einen wesentlich größeren Anwendungsbereich erschlossen. Verkehrsrechner steuern z.B. den Verkehr in unseren Städten, Prozeßrechner steuern Walzstraßen, Züge, Raketen usw. . Um die Vielseitigkeit der Computer zum Ausdruck zu bringen, soll hier vom recht eng gefaßten Begriff des Rechners abgegangen und dafür der Begriff Datenverarbeitungsanlage (DVA) verwendet werden. Datenverarbeitung heißt: (Eingabe-) Daten zur Lösung von Aufgaben nach einem bestimmten Bearbeitungschema (Arbeitsanweisung) bearbeiten (vgl. 1.2). Zu diesen Aufgaben zählen nicht nur Rechenaufgaben sondern z.B. auch Aufgaben der Prozeßsteuerung.

1.2. Die Arbeitsweise einer Datenverarbeitungsanlage (DVA)

Eine DVA soll die Arbeit des Menschen erleichtern. Dazu muß sie wesentliche Teile seiner Aufgaben übernehmen können.

An dem Beispiel einer Fernmelderechnungsstelle soll gezeigt werden, welche Aufgaben eine DVA übernehmen kann und welche dem Menschen noch verbleiben. Dabei wird dem Bearbeiter ein „Intelligenzgrad" zugeordnet, den man auch von einer DVA erwarten kann: er kann nur lesen, schreiben und mit Hilfe eines Tischrechners rechnen.

Ein Bote bringt dem Bearbeiter die Listen mit allen notwendigen Daten. Listen, auf denen die Kunden mit ihren Kundennummern (KNR), den zugehörigen alten Zählerständen (AZ), den neuen Zählerständen (NZ), den Grundgebühren (GG) und den Gebühren je Zählereinheit (GZE) eingetragen sind. Daraus soll der Bearbeiter eine Liste der Rechnungsbeträge erstellen.

Da er nur lesen, schreiben und einen Tischrechner bedienen kann, ist er dazu nicht ohne weiteres in der Lage. Er benötigt zur Bewältigung seiner Aufgabe noch eine Arbeitsanweisung etwa in der Form:

- *Gib* den neuen Zählerstand (NZ) in den Tischrechner ein
- *Subtrahiere* von dem vorher eingegebenen Wert den alten Zählerstand AZ
- *Multipliziere* das Ergebnis mit den Gebühren je Zählereinheit GZE
- *Addiere* zu dem Ergebnis die Grundgebühren GG
- *Lies* das Ergebnis ab
- *Schreibe* das Ergebnis in die Zeile der zugehörigen Kundennummer KNR
- *Gehe* zur nächsten Kundennummer *über*
- *Beginne* diese Arbeitsanweisung von vorn usw..

Die Arbeitsanweisung besteht aus einer Folge von Befehlen (Gib, Subtrahiere, Multipliziere ... usw.), die der Reihe nach abgearbeitet werden müssen. Eine solche, aus einer Folge von Befehlen bestehende Arbeitsanweisung nennt man ein *Programm*.

Die Arbeitsweise einer DVA ähnelt der Arbeitsweise des Bearbeiters (vgl. [1]).

- Eine DVA wird ebenso mit *Programmen* und *Daten* versorgt, wie der Bearbeiter im Fernmeldeamt. Diesen Vorgang nennt man bei der DVA einfach *Eingabe*. Sie erfolgt über *Eingabeeinheiten* wie Lochkartenleser, Lochstreifenleser, Klarschriftleser, Blattschreiber (eine Art Fernschreiber mit Schreibmaschinentasten) und dgl..

- Programme und Daten müssen in einer DVA beliebig lange zur Verfügung stehen. Dazu müssen sie in der DVA in einem *Speicher* abgespeichert werden. Während bei dem Bearbeiter im Fernmeldeamt zur Speicherung der Daten ein Blatt Papier und zur kurzfristigen Speicherung das Gedächtnis genügte, müssen in einer elektronischen DVA aufwendige Speichermedien, wie z.B. Ringkernspeicher, verwendet werden.

- Eine DVA muß das Programm ausführen können, indem es einen Befehl nach dem anderen abarbeitet. Dazu muß sie geeignete Einrichtungen besitzen, die die notwendigen, einfachen Handgriffe des Bearbeiters, z.B. die Tastenbedienung des Tischrechners, ersetzen können. Für diese Aufgabe ist in einer DVA ein *Steuerwerk* vorgesehen.

- Eine DVA benötigt, ähnlich wie der Bearbeiter im Fernmeldeamt, eine Einrichtung, die Berechnungen ausführt. Diese Einrichtung wird in einer DVA *Rechenwerk* genannt.

- Eine DVA muß die Ergebnisse der Verarbeitung beliebig lange abspeichern können, um sie später auf Wunsch auszugeben. Diesen Vorgang nennt man bei einer DVA einfach *Ausgabe*. Sie erfolgt über *Ausgabeeinheiten* wie Bildschirm, Drucker, Blattschreiber und dgl..

Daraus ergibt sich folgende Struktur einer Datenverarbeitungsanlage (Bild 1.1):

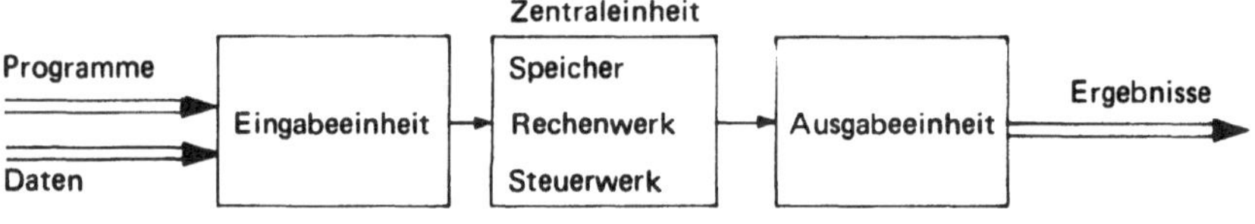

Bild 1.1

Speicher, Rechen- und Steuerwerk werden meist unter dem Begriff *Zentraleinheit* zusammengefaßt.

Datenverarbeitungsanlagen stellen zwar die technischen Funktionseinheiten zur Verfügung, aber erst die Verbindung von DVA und Programm ergibt ein funktionsfähiges Datenverarbeitungs*system*, in dem die technischen Funktionseinheiten der DVA in gewollter, sinnvoller Weise selbsttätig die gestellte Aufgabe lösen. Die geistige Leistung, die dem Menschen verbleibt, liegt in der für die DVA verständliche Beschreibung der Arbeitsanweisung, der sog. Programmierung der DVA. Diese Aufgabe kann an keine Maschine abgegeben werden.

2. Programmiersprachen

2.1. Allgemeines

Bei programmgesteuerten Datenverarbeitungssystemen wird bewußt eine Trennung zwischen Arbeitsanweisung (Programm oder sog. Software) und ausführender Anlage (DVA oder sog. Hardware) vorgenommen. Dadurch ist ein und dieselbe Anlage fähig, nicht nur eine einzige, sondern eine Vielzahl von Aufgaben auszuführen. Wenn eine DVA eine andere Aufgabe bearbeiten soll, braucht nur das Programm geändert bzw. ausgetauscht zu werden.

Zum Aufstellen der Programme lassen sich prinzipiell folgende Programmiersprachen verwenden:

* Maschinensprachen
* Assemblersprachen
* Problemorientierte Programmiersprachen

2.2. Maschinensprachen

In den Anfängen der Datenverarbeitung wurde die Arbeitsanweisung für eine DVA in der sog. Maschinensprache programmiert. Dabei handelt es sich in der Regel um eine Codierung der Befehle in Binärziffern, die von den meist digital arbeitenden Datenverarbeitungsanlagen ohne weitere Übersetzung verstanden werden und ohne menschliche Hilfe in Steuersignale umgesetzt werden können.

Maschinensprachen werden heute nur noch selten benutzt. Dies liegt vor allem daran, daß die Darstellung der Befehle durch Binärziffern

* relativ zeitaufwendig
* recht unübersichtlich und damit fehleranfällig und
* schwer merkbar

ist. Mit wachsenden Aufgaben in der Datenverarbeitung wurde deutlich, daß nach einer einfacheren, schnelleren und wirtschaftlicheren Programmierung gesucht werden mußte.

2.3. Assemblersprachen

Mit der Entwicklung von Assemblersprachen wurde ein erster Schritt zur Vereinfachung der Programmierung getan. Die Assemblersprache ist eine symbolische Programmiersprache, bei der der Befehlsschlüssel nicht mehr aus einer Folge von Binärzeichen besteht, sondern aus einem leicht erkennbaren symbolischen Code. So könnte der Befehl „Addiere", der in einem Maschinencode beispielsweise „11011010" geschrieben wird, durch den leicht erlernbaren symbolischen Ausdruck „ADD" ersetzt werden.

Die Datenverarbeitungsanlage „versteht" trotzdem nur den Maschinencode. Es muß also eine Einrichtung gefunden werden, die die Assemblersprache in den Maschinencode überführt. Diesen Vorgang nennt man auch, da es sich um „Sprachen" handelt, *Übersetzung*. Sie läuft nach festen Regeln ab und kann deshalb mit Hilfe eines geeigneten Programmes

von der DVA selbst vorgenommen werden. Das Übersetzungsprogramm, das die Assemblersprache in den Maschinencode übersetzt, heißt *Assembler*.

Die Assemblersprache ist eine maschinenorientierte Programmiersprache, weil *jeder* Befehl
der Maschinensprache durch einen symbolischen Ausdruck ersetzt wird. Dies bringt den
Nachteil mit sich, daß sie vom Typ der DVA abhängt, so daß zur Programmierung eines
bestimmten Problems für verschiedene DVA-Typen unterschiedliche Programme geschrieben werden müssen.

2.4. Problemorientierte Programmiersprachen

Den genannten Nachteil der Assemblersprachen vermeiden die problemorientierten
Programmiersprachen. Ihre Entwicklung orientiert sich unabhängig von der jeweiligen
Maschinensprache nur am Problem. Dadurch werden sie anlageunabhängig. Als Beispiel
mögen die mathematisch-naturwissenschaftlich orientierten Programmiersprachen dienen.
Sie beschreiben unabhängig von der Maschinensprache eine mathematische Aufgabe, wie
aus der Mathematik gewohnt, mit Hilfe einer mathematischen Formel.

Eine als Formel dargestellte Anweisung kann eine Datenverarbeitungsanlage nicht direkt
„verstehen". Sie „versteht" nur den Maschinencode. Daher ist eine Übersetzung von der
mathematischen Formelsprache in die Maschinensprache nötig. Da die Übersetzung nach
festen Regeln ablaufen muß, kann die Datenverarbeitungsanlage auch hier die Übersetzung
selbst durch Verwendung eines geeigneten Programms vornehmen. Dieses Programm wird
Compiler genannt.

Die problemorientierten Sprachen zeichnen sich aus durch

- bessere Überschaubarkeit der Programme durch Anweisungen in der Fachsprache
- geringeren Zeitbedarf für die Programmierung
- leichte Erlernbarkeit
- Unabhängigkeit von dem Typ der Datenverarbeitungsanlage

Weit verbreitete problemorientierte Programmiersprachen sind z.B.:

Name	Bedeutung	Anwendungsbereich
ALGOL	Algorithmic Language	mathematisch-naturwissenschaftlich
FORTRAN	Formula Translation	mathematisch-naturwissenschaftlich
COBOL	Common Bussiness Oriented Language	kommerziell
PL 1	Programming Language Nr. 1	kommerziell / mathematisch-natur-wissenschaftlich
BASIC	Beginners All-purpose Symbolic Instruction Code	Programmierung im Dialog mit der DVA

3. Eigenschaften der Programmiersprache BASIC

3.1. Symbolischer Allzweck Befehlscode für Anfänger

ALGOL, FORTRAN, PL1 und BASIC benutzen die aus der Mathematik gewohnten
Schreibweisen und sind daher auf die speziellen Probleme der Mathematiker, Natur-
wissenschaftler, Ingenieure, Techniker und dgl. zugeschnitten. Sie lassen sich jedoch auch
für andere Probleme einsetzen. Im Vergleich zu den hoch entwickelten Programmiersprachen ALGOL, FORTRAN und PL1 besitzt BASIC nur wenig Steueranweisungen.
Dadurch wird diese problemorientierte Sprache sehr einfach, worauf auch der Name der
Programmiersprache hinweist:

Beginners All-purpose Symbolic Instruction Code

Dies bedeutet sinngemäß übersetzt:

Symbolischer Allzweck Befehlscode für Anfänger

**BASIC ist eine einfache, leicht verständliche und leicht erlernbare Programmiersprache
für alle Zwecke, die sich besonders für Programmieranfänger eignet.**

3.2. Programmieren im Dialog

3.2.1. Time-Sharing

BASIC wurde am Dartmouth College (USA) speziell für sog. Time-Sharing-Systeme entwickelt und 1964 erstmals angewendet. Mit Hilfe solcher Systeme können viele verschiedene Benutzer eine DVA gleichzeitig in Anspruch nehmen.

**Ein Time-Sharing-System gestattet die gleichzeitige Benutzung einer DVA durch mehrere
Benutzer.**

Als Time-Sharing-Ein- und Ausgabegeräte werden meistens mit Lochstreifenlesern und
-stanzern ausgerüstete Fernschreibgeräte eingesetzt, die über das öffentliche Fernsprech-
oder Fernschreibnetz mit der Time-Sharing-Zentrale verbunden sind.

In jüngster Zeit werden immer mehr Bildschirmsichtgeräte mit Fernschreibtastatur eingesetzt. Sie haben den Vorteil, daß sie geräuschlos arbeiten und eine höhere Datenübertra-
gungsrate (bis 2400 Baud) als Fernschreiber (100 bis 300 Baud) erlauben.

Time-Sharing-Systeme nutzen den Unterschied zwischen der sehr hohen internen Rechen-
geschwindigkeit der Zentraleinheit und der vergleichsweise langsamen Arbeitsgeschwindig-
keit der o. a. Ein- und Ausgabegeräte dazu aus, die DVA besser auszulasten.

Anstatt darauf zu warten, bis z. B. ein Programm vollständig über ein langsames Eingabegerät in die DVA eingelesen ist, bearbeitet die DVA währenddessen die Programme von anderen Benutzern. Dazu wird jedem Benutzer des Time-Sharing-Systems abwechselnd die Zentraleinheit der DVA für Bruchteile von Sekunden zugeteilt. Auf diese Technik ist der Begriff *time sharing* — in Zeitscheiben teilen — zurückzuführen. Der Benutzer gewinnt durch die zyklische Bedienung den Eindruck, daß die Zentraleinheit dauernd für ihn arbeitet, weil ständig Programme bearbeitet bzw. Daten ein- oder ausgegeben werden können.

Durch ein Time-Sharing-System erhält der Benutzer direkt an seinem Arbeitsplatz ein Werkzeug, das die Vorteile eines Tischrechners mit den Möglichkeiten einer großen DVA verbindet.

3.2.2. Dialog zwischen der DVA und dem Benutzer der DVA

Der Benutzer arbeitet mit der Time-Sharing-Zentrale in Form eines *Dialogs* zusammen. Dies bietet für eine Vielzahl von Benutzern gleichzeitig und ohne gegenseitige Beeinträchtigung folgende Vorteile:

- Programmerstellung an der Benutzerstation (vom Benutzer)
- Sofortiger Hinweis auf fehlerhafte Programmeingaben (von der DVA)
- Sofortige Möglichkeit zur Fehlerkorrektur (vom Benutzer)
- Sofortige Ausführung des eingegebenen Programms (von der DVA)
- Sofortige Ausgabe der Ergebnisse an die Benutzerstation (von der DVA)
- Eingabe anderer Daten sofort möglich (vom Benutzer)
- Sofortige Ausführung des eingegebenen Programms mit den neuen Daten (von der DVA)

Es wird nicht nur bei der Programmerstellung und der Bearbeitung des Programms ein Dialog zwischen dem Benutzer und der DVA geführt, wie es die angeführten Beispiele zeigen. Der nächste Abschnitt wird deutlich machen, daß während der ganzen Benutzungszeit des Time-Sharing-Systems, vom Aufbau der Verbindung bis zu ihrer Beendigung, ein ständiger Dialog zwischen DVA und Benutzer geführt wird.

3.2.3. Die Benutzung von Time-Sharing-Systemen

Folgende Schritte müssen aufeinanderfolgen, wenn ein Programmierer ein Programm von einem Time-Sharing-System bearbeiten lassen will:

Schritt 1:   Verbindung zur DVA herstellen

Dazu gehört u. a.:

- Benutzerstation einschalten
- Telefonhörer abnehmen
- Rufnummer des Time-Sharing-Rechenzentrums mit Hilfe einer Wählscheibe wählen
- Pfeifton im Hörer zeigt, daß die Benutzerstation mit der DVA verbunden ist
- Telefonhörer in die Gabel zurücklegen

Schritt 2: **Teilnahmeberechtigung angeben**

Die DVA fragt nach Herstellung der Verbindung zur Benutzerstation nach der Teilnahmeberechtigung des Benutzers. Dieser muß dann innerhalb einer bestimmten Zeit (ca. 2 min) seine Berechtigung zur Teilnahme am Time-Sharing-System nachweisen, indem er ein Code-Wort angibt.

Diese Schutzmaßnahme ist sehr wichtig, damit keine unbefugten Benutzer über das öffentliche Fernsprechnetz Programme und Daten von anderen Teilnehmern erfahren können (Geheimhaltung, Datenschutz). Außerdem benötigt man den Teilnehmer-Code zur richtigen Zuordnung der Benutzergebühren.

Schritt 3: **Programmiersprache wählen**

Wenn der Benutzer aufgrund der angegebenen Kennung zum Systemzugriff berechtigt ist, wird er gefragt, welche Programmiersprache er benutzen will (z. B.: FORTRAN, COBOL, BASIC). Daraufhin wird der entsprechende Compiler bereitgestellt.

Schritt 4: **Neues oder altes Programm**

Nach der Bereitstellung des Compilers wird der Benutzer gefragt, ob er ein neues oder ein altes Programm benutzen will. Alte Programme befinden sich auf einer Datei des Time-Sharing-Systems und müssen von dort abgerufen werden. Ein neues Programm muß hingegen über die Benutzerstation neu eingegeben werden.

Schritt 5: **Angabe des Programmnamens**

Anschließend fordert die DVA dazu auf, den Programmnamen einzugeben. Mit Hilfe dieses Namens kann ein altes Programm aus der Datei gerufen werden bzw. ein neues Programm später in der Datei abgelegt werden. Wenn der Programmname von der DVA angenommen wurde, wird dies zumeist durch den Ausdruck "READY" angezeigt.

Schritt 6: **Eingabe des Programms und der Daten**

Wenn der Programmname von der DVA akzeptiert wurde, kann das neue Programm eingegeben bzw. das alte Programm neu aufgerufen werden. Dies Programm muß dann mit den Daten versorgt werden, mit denen im Programm gerechnet werden soll.

Schritt 7: **Programmlauf (Rechenlauf)**

Nachdem das Programm und die Daten in der DVA vorliegen, kann das Programm ausgeführt werden. Mit Hilfe einer RUN-Anweisung gibt der Benutzer der DVA zu erkennen, daß das eingegebene Programm übersetzt werden und mit den eingegebenen Daten ablaufen soll.

Schritt 8: **Ausgabe der Ergebnisse**

Nach dem Rechenlauf müssen die Ausgabedaten ausgegeben werden. Dies geschieht zumeist mit Hilfe eines Fernschreibers bzw. eines Bildschirmsichtgerätes.

Schritt 9: **Beendigung der Verbindung zur DVA**

Mit einer Beendigungsanweisung, meist BYE, gibt der Benutzer der DVA zu verstehen, daß er die Arbeit beenden will. Diese Beendigungsanweisung bewirkt:

— daß die Benutzerstation abgeschaltet wird
— daß das Abrechnungskonto des Benutzers mit der für ihn angefallenen Rechenzeit belastet wird.

Diese Zusammenstellung zeigt den gesamten Ablauf bei der Benutzung von Time-Sharing-Systemen.

Auf die Schritte 1 bis 5 und auf Schritt 9 wird im folgenden nicht näher eingegangen,

- da sie im Detail stark vom jeweiligen Time-Sharing-System der verschiedenen Hersteller abhängen und
- da sie bei der Benutzung von BASIC-Tischgeräten (Kleinrechner) teilweise entfallen.

Die zur Benutzung notwendigen Hinweise entnimmt man am einfachsten den vom Hersteller mitgelieferten Benutzerhandbüchern.

Die Schritte 6 bis 8 sind weitgehend herstellerunabhängig. Sie beinhalten im wesentlichen:

- die Programmeingabe
- die Dateneingabe und
- die Datenausgabe (Ausgabe der Ergebnisse) in BASIC

Dieses Buch widmet sich hauptsächlich diesen problemorientierten Schritten und ihrer Realisierung in der Programmiersprache BASIC.

Es soll an dieser Stelle der Vollständigkeit halber darauf hingewiesen werden, daß es inzwischen abweichend zum ursprünglichen "Dartmouth-BASIC" verschiedene BASIC-Versionen gibt, die die ursprüngliche Programmiersprache um einige Möglichkeiten ergänzt haben. Sie sind teilweise auch herstellerabhängig. Der BASIC-Befehlsvorrat, auf den in diesem Buch näher eingegangen wird, wurde so ausgewählt, daß er praktisch in allen modernen BASIC-Versionen der DVA-Hersteller vorhanden ist.

Vor einer Betrachtung von Einzelheiten der Programmiersprache BASIC sollen diejenigen Schritte diskutiert werden, die aufeinander folgen müssen, um ein ablauffähiges getestetes BASIC-Programm zu erhalten.

Folgende Schritte müssen bei der Programmierung aufeinanderfolgen:

Schritt 1: **Problemaufbereitung**
Schritt 2: **Zeichnen des Programmablaufplanes**
Schritt 3: **Schreiben des Primärprogramms**
Schritt 4: **Benutzen des Time-Sharing-Systems**
Schritt 5: **Programmtest**
Schritt 6: **Dokumentation**

Auf diese einzelnen Schritte wird im folgenden näher eingegangen.

4. Problemaufbereitung und Zeichnen von Programmablaufplänen

Vor der Programmierung eines Problems in einer beliebigen Programmiersprache empfiehlt es sich,

- das Problem aufzubereiten und
- Programmablaufpläne aufzustellen.

Erst anschließend sollte man, zumindest bei umfangreichen Problemen, zum Schreiben des Primärprogramms übergehen.

4.1. Problemaufbereitung

Zur Problemaufbereitung gehört

- die Problemdefinition, d. h. eine vollständige Formulierung der Aufgabe und
- eine Problemanalyse der Aufgabe.

Die Aufgabe ist zunächst vollständig mit allen Randbedingungen in der Umgangssprache zu formulieren. Bei der darauf folgenden Problemanalyse ist u. a. zu untersuchen,

- ob die Aufgabe überhaupt mit Hilfe einer DVA gelöst werden kann,
- welche alternativen Lösungswege sich für die Aufgabe anbieten und
- welcher der möglichen Lösungswege der günstigste ist.

4.2. Programmablaufpläne

Nachdem bei der Problemaufbereitung ein günstig erscheinender Lösungsweg gefunden wurde, empfiehlt es sich vielfach, einen Programmablaufplan aufzustellen. Die Bezeichnung Programmablaufplan ist nach DIN 66001 genormt und soll die teilweise gebräuchlichen Begriffe „Flußdiagramm" oder „Blockdiagramm" ersetzen.

Ein Programmablaufplan stellt den Arbeitsablauf für eine Problemstellung mit Hilfe von Sinnbildern in einzelnen kleinen Schritten grafisch dar. Die verschiedenen Sinnbilder sind nach DIN 66001 genormt. Für einfache Aufgaben genügt die Kenntnis der in der folgenden Tabelle aufgeführten Sinnbilder.

Durch Einfügen eines Textes in die Sinnbilder wird die Art der Vorgänge genau spezifiziert.

Folgende Regeln sollte man bei der Aufstellung von Programmablaufplänen beachten:

- Genormte Symbole benutzen
  Plastikschablonen, bei denen aus einer Plastikscheibe die entsprechenden Sinnbilder ausgestanzt sind, erleichtern dabei das Zeichnen der genormten Symbole
- Programmablaufplan so aufbauen, daß er von oben nach unten gelesen werden kann
- Richtung der Vorgänge durch Pfeile andeuten
- Knappe, aussagekräftige Texte in die Sinnbilder eintragen
- Aufteilung komplexer Programmablaufpläne in mehrere kleine Programmablaufpläne

Tabelle: Nach DIN 66001 genormte Sinnbilder von Programmablaufplänen

Sinnbild	Bedeutung	Beispiele
 [Text]	Allgemeine Operation	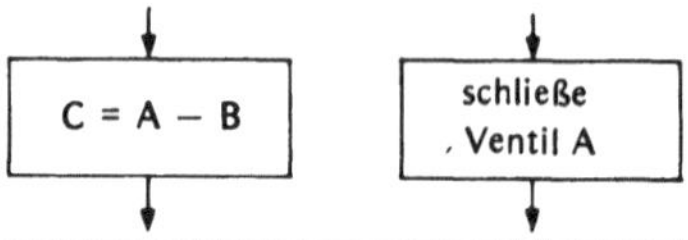 [C = A − B] [schließe Ventil A]
	Bemerkung: Die allgemeine Operation dient zur Darstellung von Berechnungen und Operationen (siehe Beispiel), die nicht durch speziellere Sinnbilder beschrieben werden.	
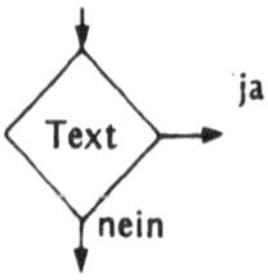 ⟨Text⟩ ja / nein	Verzweigung	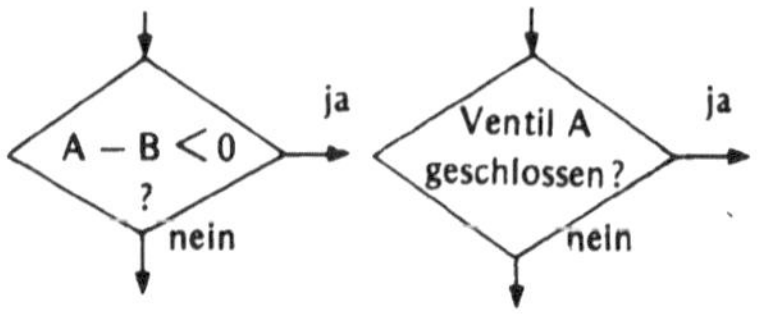 ⟨A − B < 0 ?⟩ ja / nein ⟨Ventil A geschlossen?⟩ ja / nein
	Bemerkung: Der Text muß eine Frage (Bedingung) enthalten, die entweder mit ja oder nein zu beantworten ist. Je nach Beantwortung der Frage wird das Programm mit dem „Ja"- oder „Nein"-Zweig fortgesetzt.	
 /Text/	Eingabe Ausgabe	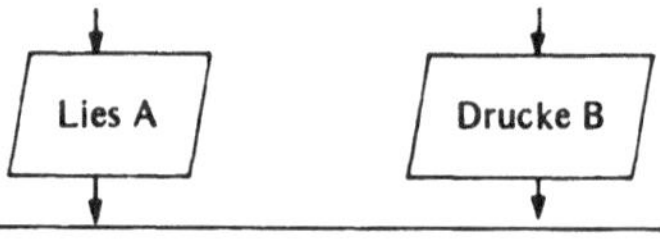 /Lies A/ /Drucke B/
 (Text)	Grenzstelle	 (STOP) (START)
(Text)	**Bemerkung:** Die Grenzstelle ist das Sinnbild für den Beginn oder das Ende eines Programmes.	
 (n)	Übergangsstelle	(8) (8)
(n)	**Bemerkung:** Falls ein Programmablaufplan an einer anderen Stelle, z. B. auf einem anderen Blatt, fortgesetzt werden muß, kennzeichnen die Übergangsstellen mit gleichen Zahlen, an welcher Stelle das Programm fortgesetzt werden muß.	
 ----- [	Bemerkung	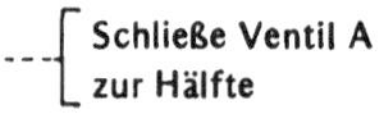 --- [Schließe Ventil A zur Hälfte
	Bemerkung: Falls der erläuternde Text zu lang wird, um ihn in ein Sinnbild direkt einzuschieben, wird dieses Sinnbild, die sog. Bemerkung, neben das zu erläuternde Sinnbild gezeichnet, und der Text rechts daneben geschrieben, wie es das Beispiel zeigt.	
⟶	Flußlinie	**Bemerkung:** Die Flußlinie dient dazu, die Sinnbilder miteinander zu verbinden. Sie zeigt gleichzeitig mit Hilfe des Pfeiles die Flußrichtung an.

4.3. Vorteile bei der Anwendung von Programmablaufplänen

Der Programmablaufplan erweist sich bei umfangreichen Aufgaben als sehr zweckmäßig. Insbesondere sind folgende Vorteile zu nennen:

- Der Programmablaufplan verschafft dem Programmierer durch die logische Gliederung einen Überblick über den Gang der Rechnung.

- Der Programmablaufplan verhindert das Programmieren von „Sackgassen".

  Eine Sackgasse würde sich z.B. in einem Programm ergeben, wenn ein Zweig einer Verzweigung durch Vergeßlichkeit des Programmierers nicht weiter berücksichtigt würde. Wenn bei einer späteren Benutzung des Programms dieser Zweig gewählt wird, so gibt es keine darauffolgende Anweisung. Das Programm endet in einer Sackgasse. In einem Programmablaufplan sind derartige Sackgassen gut zu erkennen und können somit vermieden werden.

- Der Programmablaufplan bietet ein gutes Verständigungsmittel zwischen einem Spezialisten und einem Programmierer.

  Spezialisten verfügen teilweise über keine ausreichenden Programmierkenntnisse. Ein Programmierer hingegen verfügt nicht immer über die notwendigen Spezialkennntnisse, um programmierbare Regeln aus einer Aufgabenstellung abzuleiten. Hier bietet sich der Programmablaufplan als gemeinsames Verständigungsmittel an.

- Der Programmablaufplan hilft bei der Fehlersuche von logischen Fehlern.

  Durch die logische Gliederung des Problems in eine Folge von einzelnen Schritten ist der Programmablaufplan wegen der besseren Übersicht meist besser als das Programm selbst geeignet, logische Fehler im Programmablauf zu finden.

- Der Programmablaufplan dient zur Dokumentation des Programms. Programme sollen auch später, eventuell von anderen Personen, wieder benutzt werden können. Sie müssen sich auf einfache Art darüber informieren können, wie das Programm aufgebaut ist, welcher Lösungsweg gewählt wurde usw.. In vielen Fällen kann der Programmablaufplan eine spezielle Programmbeschreibung ersparen.

5. Schreiben von BASIC-Primärprogrammen

Nach der Problemaufbereitung und der Aufstellung des zugehörigen Programmablaufplanes kann die eigentliche Programmierung in der gewünschten Programmiersprache erfolgen. Der Programmierer wird dazu das Programm zunächst handschriftlich auf einem Blatt Papier entwerfen. Daher wird dieser erste Programmentwurf auch Primärprogramm genannt.
Erst anschließend wird das Programm auf Lochkarten oder auf andere zur maschinellen Eingabe geeigneten Datenträger übertragen.

5.1. Allgemeine Schreibregeln für BASIC-Programme

Ein Programm besteht aus einer Folge von Befehlen (vgl. 1.2).

- Jeder dieser Befehle steht in einer eigenen Zeile[1]).
- Jeder einzelne Befehl beginnt mit einer sog. *Anweisungsnummer* (Zeilennummer).
- Auf die Anweisungsnummer folgt die *Anweisung* selbst.

Die Anweisungsnummer, die obligatorisch vor jeder Anweisung steht, muß eine positive ganze Zahl sein. Die höchste Stellenzahl ist vom Typ der DVA abhängig und ist dem Handbuch des Herstellers zu entnehmen. Allgemein üblich sind 4 bis 5 Stellen.

Die DVA bearbeitet die Anweisungen stets in aufsteigender numerischer Reihenfolge.

Die Anweisungsnummern legen somit die Reihenfolge der Anweisungen fest, in der sie von der DVA bearbeitet werden.

Aus diesem Grunde muß das Programm nicht unbedingt in seiner logischen Reihenfolge eingegeben werden. Dies ist besonders vorteilhaft, wenn z.B. ein fehlender Befehl in das Programm eingefügt werden muß. Der Programmierer kann durch Wahl einer entsprechenden Anweisungsnummer die Anweisung an dem logisch richtigen Ort im Programm plazieren, obwohl sie örtlich am Ende des Programmes geschrieben wird.

Es empfiehlt sich daher, bei der Ersteingabe des Programms eine größere Schrittweite bei den Anweisungsnummern zu wählen, um später noch Befehle einfügen zu können.

Wählt man bei der Ersteingabe des Programms für die Anweisungsnummern z.B. eine Schrittweite von 5 bis 10, so besteht die Möglichkeit, später bei Bedarf weitere Anweisungen einzufügen.

Da eine Anweisungsnummer eine bestimmte Anweisung kennzeichnet, darf die gleiche Anweisungsnummer natürlich in einem Programm nicht mehrfach vorkommen.

Auf jede Anweisungsnummer folgt ein *Schlüsselwort*.

Das Schlüsselwort gibt den Typ der auszuführenden Operation an.

Die Schlüsselworte werden in der Regel noch durch nähere Angaben zu den speziellen Operationen ergänzt.

Bei der Angabe der *allgemeinen Form der BASIC-Anweisungen* werden im folgenden alle unveränderlichen Bestandteile fett gedruckt. Dazu gehören u.a. die Schlüsselworte. Alle veränderlichen Bestandteile werden hingegen normal gedruckt. Hierunter fallen u.a. die näheren Angaben zu den speziellen Operationen.

Die Länge einer Anweisung ist durch die begrenzte Zeichenzahl je Zeile ebenfalls beschränkt. Die maximale Zahl der Zeichen, einschließlich aller Leerzeichen (vgl. 5.2), ist herstellerabhängig und muß dem Herstellerhandbuch entnommen werden. Vielfach üblich sind 72 bzw. 80 Zeichen (lochkartenorientiert), aber auch 132 Zeichen je Zeile.

Die begrenzte Zeichenzahl je Zeile bereitet jedoch selten Schwierigkeiten, da sich z.B. längere mathematische Formeln in der Regel durch mehrere kürzere Gleichungen beschreiben lassen.

---

[1]) Einige Anlagen gestatten auch mehrere Befehle pro Zeile.

Das Ende jeder einzelnen Anweisung wird der DVA durch betätigen einer entsprechenden Taste angezeigt (RETURN-Taste, ETX (End of Text)-Taste, End of Line-Taste o.ä).

Die DVA übernimmt daraufhin den Befehl und überprüft ihn auf formale Richtigkeit. Ist alles in Ordnung, wartet die DVA auf neue Befehle. Treten Fehler auf, wird eine entsprechende Fehlermeldung ausgegeben (vgl. auch Kap. 12).

Fehlerhafte Anweisungen kann man ersetzen, indem man die korrigierte Anweisung mit der gleichen Anweisungsnummer wie die fehlerhafte Anweisung erneut eingibt.
Vielfach gibt es jedoch auch Möglichkeiten, die fehlerhafte Stelle direkt zu korrigieren.

5.2. Das BASIC-Programmformular

Der Programmierer kann bei der Erstellung des Primärprogrammes Zeit und Mühe sparen, wenn er anstelle eines einfachen Blatt Papiers kariertes Papier verwendet, das er mit einer zusätzlichen senkrechten Hilfslinie 5 Kästen links vom Rand versieht (vgl. Bild 5.1).

Auf der linken Seite werden die Anweisungsnummern eingetragen, während auf der rechten Seite die zugehörigen BASIC-Anweisungen Platz finden. Die Zahl der Kästchen entspricht der max. möglichen Zeichenzahl je Zeile (vgl. 5.1), die hier in diesem Beispiel 80 beträgt.

Zur Verwendung als dokumentarische Unterlage empfiehlt es sich, am Kopf des Blattes den Programmnamen, das Datum und die Seite nebst Gesamtseitenzahl anzugeben. Auf diese Weise wird das karierte Papier zum BASIC-Programmformular.

Für die handschriftlichen Eintragungen in dieses Formular gelten folgende Schreib-Regeln:

- **Ein Kästchen darf höchstens ein BASIC-Zeichen enthalten.**

- **Es werden nur Großbuchstaben verwendet.**
  Bei Eintragungen in das Programmformular sollen nur Großbuchstaben verwendet werden, da der noch zu beschreibende BASIC-Zeichenvorrat (vgl. 6.1) zur Begrenzung der Zahl verschiedenartiger Zeichen nur Großbuchstaben beinhaltet.

- **Die Ziffer Null wird Ø geschrieben.**
  Um die handgeschriebene Ziffer 0 deutlich von dem handgeschriebenen Buchstaben O unterscheiden zu können, wird die Ziffer Null mit einem Schrägstrich versehen.
  Beispiel: 1Ø 3;
  Diese Besonderheit gewinnt Bedeutung, wenn man bedenkt, daß der Programmierer das Primärprogramm vielfach einer Datentypistin übergibt, deren Aufgabe es ist, anhand des handschriftlichen Primärprogramms die zugehörigen Lochkarten zu erstellen. Sie kann nicht wissen, ob eine Null oder der Buchstabe O richtig ist. Dies muß daher deutlich aus der handschriftlichen Aufzeichnung hervorgehen.

- **Zwischenräume helfen, Anweisungen übersichtlich zu gestalten.**
  Zwischenräume, auch Leerzeichen oder Blanks genannt, haben bei der Eingabe von BASIC-Programmen keine Bedeutung. Sie können beliebig zur Gewinnung einer besseren Übersicht in einer Anweisung eingestreut werden. Sie dienen somit nur der besseren Lesbarkeit der Anweisungen, die das Programm bilden.

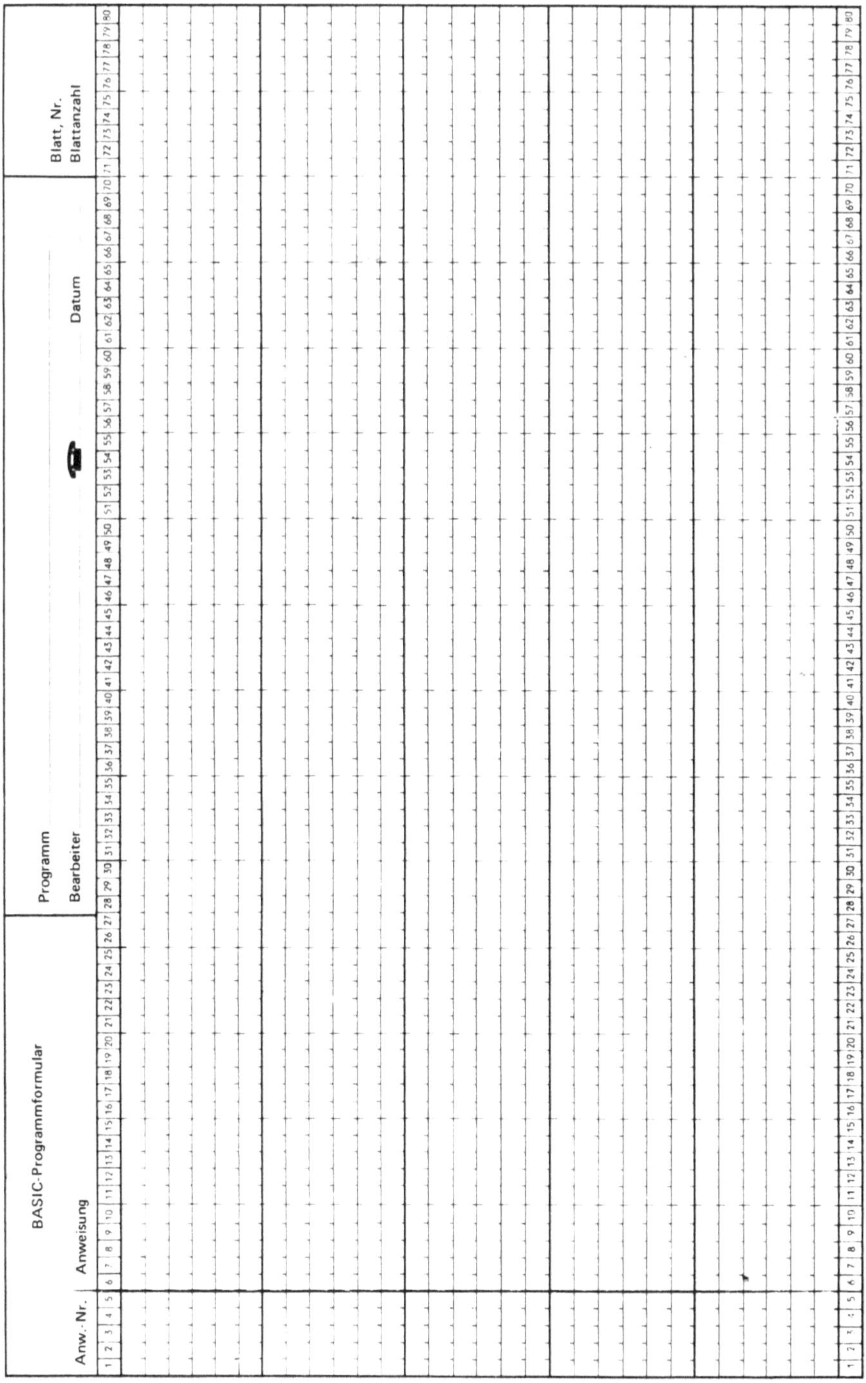
BASIC-Programmformular
Programm
Bearbeiter
Datum
Blatt, Nr.
Blattanzahl
Anw.-Nr.
Anweisung

Bild 5.1

5.3. Kommentare im Programm

Kommentare sind zusätzliche Bemerkungen oder Erklärungen, die dem Programmierer
helfen, das Programm übersichtlich zu gestalten. Durch eine Überschrift für das gesamte
Programm sowie durch Überschriften für einzelne Programmteile läßt sich jedes Programm
übersichtlich gliedern.

Kommentare können an beliebigen Stellen im Programm stehen.

Die DVA kommt ohne diese zusätzlichen Erklärungen aus. Daher braucht sie die
Kommentare nicht zu berücksichtigen. Durch das Schlüsselwort REM (remark, deutsch:
Bemerkung) wird der Compiler darauf hingewiesen, daß die folgenden Zeichen unberück-
sichtigt bleiben können, da sie nicht zum eigentlichen Programm gehören. Dies hat zur
Folge, daß der Kommentar vom Compiler überlesen wird und keine Übersetzung in den
Maschinencode erfolgt. Der Kommentar erscheint lediglich bei Programmauflistungen.

Die Kommentarvereinbarung hat folgende allgemeine Form:

> **n REM Text**

n   Anweisungsnummer
REM   Schlüsselwort für die Kommentarvereinbarung
Text   Der kommentierende Text darf beliebige Zeichen aus dem Fernschreiber-Zeichen-
        vorrat enthalten. Die Zahl der Zeichen darf die maximale Zeichenzahl einer
        Programmzeile, z.B. 80 Zeichen, nicht überschreiten. Ist der Text länger, muß
        eine neue Kommentarvereinbarung in einer neuen Programmzeile begonnen
        werden.

**Bei der Kommentarvereinbarung handelt es sich um keine Anweisung, die dem Fortgang
des Programms dient.**
Daher wird sie bei der Übersetzung des Programms nicht berücksichtigt.
Der Kommentar erscheint lediglich bei Programmauflistungen.

Beispiele:

```
 10 REM ALPHA WIRD BERECHNET
 50 REM "QUADRATWURZELBERECHNUNG"
100 REM LOHNBERECHNUNGS-PROGRAMM
```

5.4. Zusammenfassung

> Ein Programm besteht aus einer Folge von Befehlen.
> - Jeder Befehl steht in einer eigenen Zeile.
> - Jeder Befehl beginnt mit einer sog. *Anweisungsnummer.*
> - Auf die Anweisungsnummer folgt die *Anweisung* selbst.
>
> Die Anweisungsnummer legt die Reihenfolge der Anweisungen fest, in der sie von der
> DVA bearbeitet werden.

Die Anweisung besteht aus einem Schlüsselwort, das den Typ der auszuführenden Operation angibt.

Daran schließt sich in der Regel noch eine nähere Angabe zu der speziellen Operation an.

Das Ende einer jeden Anweisung wird der DVA durch Betätigung einer entsprechenden Taste angezeigt (RETURN-Taste bzw. ETX (End of Text)-Taste).

Fehlerhafte Anweisungen kann man ersetzen, indem man die korrigierte Anweisung mit der gleichen Anweisungsnummer wie die fehlerhafte Anweisung erneut eingibt.

Für die handschriftliche Eintragung des BASIC-Primärprogramms in ein BASIC-Programmformular gelten folgende Schreibregeln:

- Ein Kästchen darf höchstens ein BASIC-Zeichen enthalten.
- Die Ziffer Null wird Ø geschrieben.
- Es werden nur Großbuchstaben verwendet.
- Zwischenräume dienen dazu, die Anweisungen übersichtlicher zu gestalten.

Kommentare können an beliebigen Stellen im Programm stehen. Die Kommentarvereinbarung hat folgende allgemeine Form:

```
n REM Text
```

Bei der Kommentarvereinbarung handelt es sich um keine Anweisung, die dem Fortgang des Programms dient.

Daher wird sie bei der Übersetzung des Programms nicht berücksichtigt.

Der Kommentar erscheint lediglich bei Programmauflistungen.

6. BASIC-Sprachelemente

6.1. BASIC-Zeichenvorrat

Jede Sprache, wie z. B. Griechisch, Russisch, Arabisch, Chinesisch usw. läßt sich mit Hilfe einer bestimmten Anzahl von Grundsymbolen darstellen. Zu den Grundsymbolen im Griechischen zählen die griechischen Buchstaben. Im Russischen sind es die kyrillischen Buchstaben. Die arabische und die chinesische Schriftsprache besteht aus wieder anderen Grundsymbolen. Die Menge der Grundsymbole, aus der eine Sprache besteht, wird Zeichenvorrat genannt.
BASIC ist eine Programmier*sprache*. Wie jede andere Sprache besitzt auch sie einen begrenzten Zeichenvorrat.

Der in diesem Buch verwendete Zeichenvorrat von BASIC umfaßt

- 26 Großbuchstaben (A bis Z)
- 10 Ziffern   ($\emptyset$ bis 9)
- 14 Sonderzeichen $+ - * / = , . ( ) ' : ; <>$ '' [1])

Sonderzeichen, wie z. B. griechische Buchstaben, Fragezeichen, Zeichen der Mengenlehre, die nicht im BASIC-Zeichenvorrat enthalten sind, müssen durch andere Symbole ersetzt werden.

Die griechischen Buchstaben α, β, γ ... usw. könnte man z. B. mit dem vorhandenen Zeichenvorrat ausdrücken, in dem man die lateinischen Anfangsbuchstaben wählt. Wie in einer normalen Sprache, in der aus dem Zeichenvorrat Worte und Sätze gebildet werden, können auch in der Programmiersprache BASIC entsprechende Sprachelemente gebildet werden. Da BASIC mathematisch-naturwissenschaftlich orientiert ist, gehören zu den Sprachelementen insbesondere

- Konstanten
- Variablen
- Funktionen
- Operationszeichen
- Ausdrücke
- Anweisungen

Sie gehen wie folgt auseinander hervor (Bild 6.1):

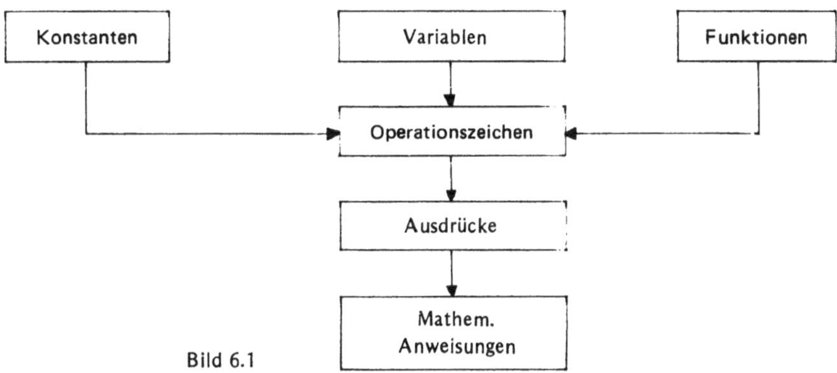

Bild 6.1

Die Schreibweise dieser Sprachelemente unterliegt Regeln, die in den folgenden Abschnitten behandelt werden.

Aus dem BASIC-Zeichenvorrat werden alle BASIC-Sprachelemente gebildet.

---

[1]) Bei einigen BASIC-Versionen ist der Vorrat an Sonderzeichen noch etwas größer als hier angegeben. Dies liegt einerseits daran, daß für einige Kombinationen von Sonderzeichen mit spezieller Bedeutung ein spezielles Sonderzeichen verwendet wird (Beispiel: $\uparrow$ anstelle von $**$ oder $\#$ anstelle von $<>$). Andererseits liegt es daran, daß BASIC in diesem Buch nur einführend behandelt wird und spezielle Themen ausgeklammert wurden. So benötigt man z. B. zur Kennzeichnung von sog. „Stringvariablen'' das Sonderzeichen $\$$.

6.2. Konstanten

Eine Konstante hat von Anfang an einen festen Wert, der durch eine bestimmte Zahl festgelegt wird. Sie ändert ihren Wert innerhalb eines Problems nicht.

Eine Konstante ist eine unveränderliche Größe.

● **Ganze Zahlen (INTEGER-Zahlen)**

Ganze Zahlen werden in BASIC-Programmen folgendermaßen geschrieben:

$\pm$ **Ziffernfolge**

Das *Vorzeichen* − (Minus) vor der Ziffernfolge muß geschrieben werden, während das Vorzeichen + (Plus) wie in der Mathematik fortfallen kann.

Beispiel

Ganze Zahlen	
Mathematische Schreibweise	BASIC-Schreibweise
+ 3	+ 3
379	379
− 5813	− 5813

Die einzelnen Ziffern werden entsprechend der mathematischen Schreibweise in die DVA eingegeben.

● **Dezimalzahlen in Dezimalschreibweise**

Dezimalzahlen in Dezimalschreibweise werden in BASIC-Programmen folgendermaßen geschrieben:

$\pm$ **Ziffernfolge . Ziffernfolge**

Vorzeichen und Ziffern werden in der gleichen Reihenfolge eingegeben, wie es die mathematische Schreibweise zeigt.
Anstelle des Dezimalkommas tritt jedoch der Dezimalpunkt.

Als Dezimalzeichen ist nur der Dezimalpunkt erlaubt.

Das positive Vorzeichen kann, wie schon bei den ganzen Zahlen, entfallen.

Beispiel:

Dezimalzahlen	
Mathematische Schreibweise	BASIC-Schreibweise
6,0	6.∅
+ 12,1	+ 12.1
− 19,63	− 19.63

Man spricht vielfach auch von Festkommazahlen, wenn die Ziffern in einer festen Reihenfolge eingegeben werden und das Dezimalzeichen an einer fest vorgegebenen Position steht.

Durch den Speicher der DVA wird die maximale Größe der Zahl, d. h. die maximale Zahl der einzugebenden Ziffern, begrenzt. Sie kann hier nicht allgemeingültig angegeben werden und muß dem jeweiligen Herstellerhandbuch entnommen werden.

Beispiel:

In einem Herstellerhandbuch wird angegeben, daß maximal 15 Zeichen als Festkommazahl eingegeben werden können (13 Ziffern, 1 Vorzeichen, 1 Dezimalzeichen).

Die größte einzugebende Festkommazahl ist: 9999999999999 .
Die kleinste einzugebende Festkommazahl ist: . 0000000000001

● **Dezimalzahlen in Potenzschreibweise**

Vielfach wird in der Naturwissenschaft und Technik eine kürzere Schreibweise als die Dezimalschreibweise für Dezimalzahlen verwendet: Die Potenzschreibweise mit der Basis 10.

Dezimalzahlen in Zehnerexponentialschreibweise werden in BASIC-Programmen folgendermaßen geschrieben:

± Ziffernfolge . Ziffernfolge E ± Exponent

Die Ziffernfolge mit Dezimalpunkt und eine sich eventuell noch daran anschließende Ziffernfolge stellt die *Mantisse* dar. Durch den Buchstaben E wird angezeigt, daß die darauf folgende Zahl die *Zehnerpotenz* darstellt. Das positive Vorzeichen *kann* dabei vor Mantisse und Zehnerpotenz entfallen, das negative Vorzeichen *muß* hingegen in beiden Fällen geschrieben werden.

Beispiele:

Dezimalzahlen	
Mathematische Schreibweise	BASIC-Schreibweise
$5,03 \cdot 10^{23}$	5.03 E23
$7,86 \cdot 10^{-5}$	7.86 E −5
$268 \cdot 10^{12}$	268 E12
$0,033 \cdot 10^{18}$	0.033 E18
$- 1,234 \cdot 10^{3}$	−1.234 E3
$-55,55 \cdot 10^{-55}$	−55.55 E −55

Die maximale Größe und die Genauigkeit einer Dezimalzahl in Potenzschreibweise ist maschinenabhängig. Genaue Auskünfte geben die Herstellerhandbücher. Bei der Mantisse, die die *Genauigkeit* bestimmt, kann man in der Regel von 6 signifikanten Dezimalziffern ausgehen. Die größte Zehnerpotenz, die die *maximale Größe* der Zahl festlegt, schwankt relativ stark. Man kann jedoch meist von einer Zehnerpotenz $\geq \pm 38$ bei wissenschaftlicher Schreibweise ausgehen.

In der sog. *wissenschaftlichen Schreibweise* wird die Zehnerpotenzschreibweise zugrunde gelegt. Für die Mantisse gilt bei wissenschaftlicher Schreibweise die Regelung, daß der Dezimalpunkt in der Mantisse hinter der ersten Ziffer ungleich Null stehen muß. Der Exponent muß dementsprechend gewählt werden.

Beispiel:

Konstanten	
Mathematische Schreibweise	Wissenschaftliche Schreibweise
$56{,}4 \cdot 10^2$	5.64 E3
$1862 \cdot 10^{17}$	1.862 E2∅
$0{,}018 \cdot 10^{18}$	1.8 E16

Im Gegensatz zur Mathematik *muß* vor dem Exponenten einer BASIC-Konstanten mindestens eine Ziffer stehen.

Beispiel:

Mathematische Schreibweise	BASIC
10^3	1 E3

Der Exponent muß immer eine ganze Zahl sein. Dezimalzahlen und Brüche sind nicht erlaubt.

Ist der Exponent eine Dezimalzahl bzw. ein Bruch, so muß der Wert eines derartigen Ausdrucks durch eine entsprechende Rechenoperation (vgl. 6.4, 6.5) ermittelt werden.

Für die Schreibweise wirkt sich vereinfachend aus, daß führende und nachgestellte Nullen ohne Bedeutung sind.

Beispiel:

Folgende BASIC-Konstanten sind einander gleichwertig:

.5   ∅.5   ∅.5∅

6.3. Variablen

Man unterscheidet in BASIC u. a. folgende Variablentypen:

- Einfache Variablen
- Indizierte Variablen[1])

6.3.1. Einfache Variablen

Der Gebrauch von einfachen Variablen ist aus der Mathematik bekannt. Im Gegensatz zu Konstanten, die von Anfang an einen festen Wert besitzen, wird den Variablen erst im Verlauf der Rechnung ein Wert zugeordnet.

---

[1]) Ein weiterer Variablentyp, die sog. Stringvariablen, werden in diesem Buch nicht behandelt.

Mit ihrer Hilfe lassen sich Gesetzmäßigkeiten unabhängig vom jeweiligen Wert ausdrücken. Den variablen Größen werden dazu Variablennamen gegeben.

Der Variablenname läßt sich bei Datenverarbeitungsanlagen als symbolische Adresse der Speicherzelle auffassen, die zur Aufnahme des jeweiligen Zahlenwertes bereitsteht. Die Namensgebung für Variablen unterliegt in BASIC folgenden Regeln:

Ein BASIC-Variablenname wird gebildet

- **aus 1 bis 2 BASIC Zeichen;**
- **das erste Zeichen muß ein Buchstabe sein;**
- **das zweite Zeichen muß, falls es benutzt wird, eine Ziffer sein.**

Beispiele für Variablennamen:

Richtig gebildete Variablennamen	Fehlerhaft gebildete Variablennamen	Fehler
X	XY	zweite Zeichen keine Ziffer
V1	89	erste Zeichen kein Buchstabe
A7	Z89	drei Zeichen
P	V*	zweite Zeichen keine Ziffer
Z $\emptyset$	5K	erste Zeichen kein Buchstabe; zweite Zeichen keine Ziffer

Es können in einem BASIC-Programm insgesamt 286 Variablen definiert werden (26 Variablen durch einfache Buchstaben und 260 Variablen durch Kombinationen von 26 Buchstaben und 10 Ziffern).

Variablennamen sind Symbole, die der Unterscheidung der Variablen voneinander dienen. Sie dürfen nur eindeutig verwendet werden.

Die Verwendung sinnvoller Variablennamen kann ein Programm transparenter machen. Um z.B. die Geschwindigkeit aus einer gegebenen Strecke und einer gegebenen Zeit zu berechnen, könnte man schreiben:

$$X = Y/Z,$$

wobei / das Divisionszeichen in BASIC darstellt. Verständlicher wird die Gleichung jedoch, wenn man die üblichen physikalischen Symbole verwendet, wie z.B.:

$$V = S/T$$

6.3.2. Indizierte Variablen

Es ist vielfach sehr nützlich, wenn einer Variablen eine Folge von Werten zugeordnet werden kann.

Beispiel:

Aus Messungen liegen 100 Werte für Ströme und Spannungen vor. Die zugehörigen Leistungen sollen errechnet werden.

Folgende Tabelle wäre aufzustellen:

Strom	Spannung	Leistung
$i_1 = 1A$	$u_1 = 10V$	$p_1 = ?$
$i_2 = 2A$	$u_2 = 20V$	$p_2 = ?$
$\vdots$	$\vdots$	$\vdots$
$i_{100} = 100A$	$u_{100} = 100V$	$p_{100} = ?$

Aus dem Beispiel wird der Zweck der Indizierung deutlich:

Die Indizierung bietet die Möglichkeit, Variablen zu beziffern.

Zur Berechnung der Leistung wären folgende Gleichungen aufzustellen:

$$p_1 = i_1 \cdot u_1$$
$$p_2 = i_2 \cdot u_2$$
$$\vdots$$
$$p_{100} = i_{100} \cdot u_{100}$$

Wollte man die Ergebnisse mit Hilfe eines BASIC-Programmes errechnen, so müßten diese 100 Gleichungen programmiert werden, obwohl sie sich nur in ihrem Index unterscheiden.

Eine einfachere Schreibweise ist möglich, wenn ein variabler Index benutzt wird. Dann würde sich der Schreibaufwand reduzieren auf

$$p_k = i_k \cdot u_k \qquad \text{für} \qquad k = 1,2 \dots 100$$

Der variable Index k läuft in der Gleichung von 1 bis 100 mit der Schrittweite 1.

Diese Schreiberleichterung ist auch in BASIC möglich. Allerdings ist die Kennzeichnung des Index durch Tieferstellen nicht möglich. Für BASIC gelten andere Schreibregeln.

Die Schreibregeln, die in BASIC bei einer Indizierung von Variablen zu beachten sind, lauten:

● **Der Variablenname darf bei indizierten Variablen nur aus einem einzelnen Buchstaben bestehen.**
  Daher kann man in einem BASIC-Programm höchstens 26 Variablen indizieren.[1]

● **Der dem Variablennamen folgende Index muß in Klammern gesetzt werden.**

● **Die indizierte Variable darf höchstens zwei Indizes besitzen. Beide Indices müssen durch ein Komma voneinander getrennt werden.**

● **Der Index kann eine Zahl, eine Variable oder ein arithmetischer Ausdruck sein.**

---

[1] Bei einigen DVA's können die Variablennamen für indizierte Variablen wie einfache Variablennamen gebildet werden (vgl. 6.3.1), so daß insgesamt 286 verschiedene Variablen indiziert werden können.

Beispiele für indizierte Variablen:

Mathematische Schreibweise	BASIC	Erläuterung
t_{10}	T (1$\emptyset$)	Konstanter Index
b_i	B (I)	Variabler Index
$y_{k,i}$	Y (K, I)	Zwei variable Indizes
z_{n+1}	Z (N + 1)	Arithmetischer Ausdruck als Index
$x_{\frac{z}{y}+1}$	X (Z/Y + 1)	Arithmetischer Ausdruck als Index

6.3.3. Felder

Die Menge aller indizierten Variablen, die den gleichen Variablennamen haben, werden als Feld bezeichnet.

Man unterscheidet in BASIC ein- und zweidimensionale Felder, je nach Anzahl der Indizes.

Beispiel eines eindimensionalen Feldes (Liste):

Mathematische Schreibweise	BASIC	Beispiel für gespeicherte Stromwerte in Ampère
i_1	I (1)	1
i_2	I (2)	2
.	.	.
.	.	.
.	.	.
i_{100}	I (1$\emptyset\emptyset$)	1$\emptyset\emptyset$

Die indizierte Variable dient hier dazu, einen bestimmten Speicherplatz innerhalb einer Liste und den dazu gespeicherten Wert zu bezeichnen.

Besteht ein Feld nur aus einer Zeile oder einer Spalte, so handelt es sich um ein eindimensionales Feld. Ein eindimensionales Feld wird auch kurz Liste oder Vektor genannt.

Ein zweidimensionales Feld besteht demgegenüber aus waagerechten Zeilen und senkrechten Spalten. Der erste Index gibt die Zeilennummer, der zweite die Spaltennummer an. Das zweidimensionale Feld wird daher auch vielfach Tabelle oder Matrix genannt.

Beispiel eines zweidimensionalen Feldes aus zwei Zeilen und zwei Spalten:

Mathematische Schreibweise	BASIC
$a_{1,1}$ $a_{1,2}$	A (1,1)
	A (1,2)
	A (2,1)
$a_{2,1}$ $a_{2,2}$	A (2,2)

Für den Programmierer ist es vielfach wichtig zu wissen, in welcher Reihenfolge die Feldkomponenten den Speicherplätzen zugeordnet werden. Es gilt dabei folgende Regel:

Bei zweifach indizierten Variablen durchläuft der zweite Index seine Werte schneller als
der erste, so daß die Tabelle *zeilenweise* abgearbeitet wird.

Beispiel:

Diese Speicherregel soll anhand einer zweidimensionalen Matrix mit drei Zeilen und vier Spalten näher
erläutert werden. Die Pfeile geben die Reihenfolge der Speicherung an.

$$A(1,1) \rightarrow A(1,2) \rightarrow A(1,3) \rightarrow A(1,4) \rightarrow$$
$$A(2,1) \rightarrow A(2,2) \rightarrow A(2,3) \rightarrow A(2,4) \rightarrow$$
$$A(3,1) \rightarrow A(3,2) \rightarrow A(3,3) \rightarrow A(3,4)$$

Mit Hilfe einer zweifach indizierten Variablen kann jede Größe innerhalb der Tabelle angesprochen werden. $A(2,3)$ bezeichnet z. B. das Element in Zeile 2 und Spalte 3 mit dem
Namen A.

**Ein bestimmtes Element eines Feldes kann durch die Feldvariable und die jeweiligen
Indices angesprochen werden.**

6.3.4. Die DIM-Vereinbarung (Feldvereinbarung)

Es müssen für jedes Feld so viele Speicherplätze bereitgestellt werden, wie Feldkomponenten vorhanden sind. Für Listen bis zu 11 Feldkomponenten hält BASIC von sich aus
Speicherplätze frei. Ebenso für Tabellen mit höchstens 11 Zeilen und 11 Spalten.

Beispiel:

Für eine Liste mit 9 Feldkomponenten werden genügend Speicherplätze bereitgehalten.
Für eine Tabelle mit 8 Zeilen und 9 Spalten werden genügend Speicherplätze bereitgehalten.
Für eine Tabelle mit 11 Zeilen und 13 Spalten werden nicht genügend Speicherplätze bereitgehalten.

Kommen größere Felder vor, als für den Normalfall vorgesehen wurde, so muß man die
DVA anweisen, entsprechend mehr Speicherplätze für die Felder freizuhalten. Dies geschieht mit Hilfe der Feldvereinbarung DIM.

Hier gibt es natürlich eine obere Grenze, die vom Typ der DVA abhängt. Sie ist dem zugehörigen Herstellerhandbuch zu entnehmen.

Für eindimensionale Felder ist die allgemeine Form der DIM-Vereinbarung:

$$n \text{ DIM } V_1(m_1), V_2(m_2), ..., V_x(m_x)$$

Die Anweisungsnummer der Feldvereinbarung wird durch n gekennzeichnet. In der auf
DIM folgenden Feldliste werden alle im Programm vorkommenden Felder durch Nennung
des Feldnamens $V_1, V_2, ..., V_x$ (Name aller Variablen eines Feldes) und des Indexmaximal-
wertes $m_1, m_2, ..., m_x$ (in Klammern) in beliebiger Reihenfolge aufgeführt. Die einzelnen
Felder sind in der DIM-Vereinbarung durch Kommata zu trennen.

Die DIM-Vereinbarung für zweidimensionale Felder unterscheidet sich von der für eindimensionale Felder nur durch die Angabe von zwei Indexmaximalwerten [für Zeilen (Z) und Spalten (S)]. Sie hat die allgemeine Form:

$$n \; DIM \; V_1(m_{1Z}, m_{1S}), \; V_2(m_{2Z}, m_{2S}), \ldots, V_x(m_{xZ}, m_{xS})$$

Beispiele für die Feldvereinbarung mit DIM
Die Die Zählung der Indices möge bei 1 beginnen:

3 DIM Z(18)
Es handelt sich um ein eindimensionales Feld, das für die Feldvariable Z insgesamt 18 Speicherplätze freihält.
3 DIM X(14,4)
Es handelt sich um ein zweidimensionales Feld, das aus 14 Zeilen und 4 Spalten besteht, d. h. es werden für die Feldvariable X $14 \cdot 4 = 56$ Speicherplätze reserviert.
3 DIM A(5$\emptyset$), B(1$\emptyset$, 15), C(3)
Für die indizierte Variable A werden 5$\emptyset$ Speicherplätze reserviert. Für die indizierte Variable B werden 1$\emptyset \cdot 15 = 150$ Speicherplätze reserviert. Für die indizierte Variable C werden 3 Speicherplätze reserviert. Diese letzte Reservierung wäre nicht nötig, da weniger als 11 Speicherplätze benötigt werden. Daher könnte C(3) in der DIM-Anweisung entfallen. Es schadet jedoch auch nicht, wenn man kleinere Felder spezifiziert, da dadurch der Speicherplatzbedarf verringert werden kann.

Die Feldvereinbarung muß im Programm erscheinen, bevor die erste indizierte Variable auftritt.

Sie wird i. a. an den Programmanfang gestellt. Dabei ist zu beachten, daß es nicht nur Eingabe-, sondern auch Ausgabefelder gibt.

6.4. Arithmetische Operationszeichen

Operationszeichen geben die auszuführende mathematische Operation an. Durch sie wird das Rechenwerk der DVA zu bestimmten Rechenschritten veranlaßt.

BASIC kennt folgende arithmetische Operatoren:

Operation	BASIC	Beispiel
Addition	+	A + B
Subtraktion	−	A − B
Multiplikation	*	A * B
Division	/	A / B
Potenzbildung[1]	**	A ** B

Andere arithmetische Operationen wie z. B. das Wurzelziehen und das Logarithmieren, werden nicht durch derartige Sonderzeichen ausgedrückt, sondern mit Hilfe sogenannter Standardfunktionen, auf die im folgenden Abschnitt eingegangen wird.

---

[1] Bei vielen DVA-Systemen wird zur Potenzbildung anstelle von ** auch das Sonderzeichen ↑ benutzt. (vgl. 6.1 Fußnote)

6.5. Standardfunktionen

Um technisch-mathematische Probleme lösen zu können, werden gewisse Standardfunktionen, wie z.B. sin, cos, log usw. benötigt. Eine Reihe dieser Standardfunktionen liegen im Speicher einer DVA fest programmiert vor und können durch Nennung ihres Namens aufgerufen und im Programm wie Variablen benutzt werden.

In BASIC stehen standardmäßig folgende Funktionen zur Verfügung:

Übliche Schreibweise	Bedeutung	BASIC
$\sqrt{x}$	Quadratwurzel	SQR (X)
e^x	Exponentialfunktion	EXP (X)
$\ln x$	Natürl. Logarithmus	LOG (X)
$\sin \alpha$	Sinus	SIN (A)
$\cos \alpha$	Cosinus	COS (A)
$\tan \alpha$	Tangens	TAN (A)
$\text{arc} \tan \alpha$	Arcustangens	ATN (A)
$|x|$	Absolutbetrag	ABS (X)
$[x]$	Ganzzahliger Anteil von x	INT (X)
$\text{sgn } x$	Signum von x	SGN (X)
	Zufallszahl zwischen 0 und 1	RND (X)

Auf den Namen der Standardfunktion folgt, durch Klammern getrennt, das Argument der Standardfunktion.

Das Argument der Standardfunktion darf aus beliebigen arithmetischen Ausdrücken, Variablen, Konstanten oder Standardfunktionen bestehen.

Beispiele für einfache Standardfunktionen:

Mathematische Schreibweise	BASIC	Erläuterung
$\sqrt{5}$	SQR (5)	Das Argument ist eine Konstante mit dem Wert 5
e^λ	EXP (L)	Das Argument ist eine Variable (L für LAMBDA)
$\ln(a+b)$	LOG (A + B)	Das Argument ist ein arithmetischer Ausdruck
$\sqrt{\sqrt{x}}$	SQR (SQR(A))	Das Argument ist eine Standardfunktion
$e^{n\sqrt{y}}$	EXP(N*SQR(Y))	Das Argument ist ein arithmetischer Ausdruck mit Standardfunktion

Einige Standardfunktionen sollen im folgenden noch etwas näher besprochen werden.

- Die **Quadratwurzel** ist nur für nichtnegative Werte definiert, da sich sonst imaginäre Werte ergeben.

- Der **natürliche Logarithmus** ist ebenfalls nur für positive Werte definiert.

- **Bei den Winkelfunktionen, wie sin, cos usw., muß man beachten, daß das Argument im Bogenmaß eingesetzt wird und *keinesfalls* im Gradmaß.**

Für die Umrechnung vom Gradmaß in das Bogenmaß gilt die Formel:

$$\text{Bogenmaß} = \frac{\pi}{180°} \cdot \text{Gradzahl} \qquad \text{bzw.}$$

$$\text{Bogenmaß} = 0{,}017453 \cdot \text{Gradzahl}$$

Liegt nur das Gradmaß vor, muß es mit der konstanten Zahl 0,017453 multipliziert werden, um das Bogenmaß zu erhalten.

Beispiel:

Mathematische Schreibweise	BASIC	Erläuterung
$\sin \dfrac{\alpha° \cdot \pi}{180°}$	SIN (A∗∅.∅17453)	Eingabe von α (Variablenname A) im Gradmaß

- Den ganzzahligen Anteil von X erhält man mit Hilfe der **Standardfunktion INT(X)**. Sie bewirkt, daß die größte *ganze* Zahl (daher INTEGER), die kleiner oder gleich X ist, ermittelt wird.

Beispiele:

BASIC	Berücksichtigter Wert	Erläuterung
INT (5.33)	5	Die größte ganze Zahl, die kleiner oder gleich 5,33 bzw. 5,88 ist, ist 5. Der Anteil des Wertes hinter dem Dezimalzeichen entfällt also, unabhängig von seiner Größe
INT (5.88)	5	
INT (−5.33)	−6	Die größte ganze Zahl, die kleiner oder gleich −5,33 bzw. −5,88 ist, ist −6.
INT (−5.88)	−6	

Mit Hilfe der Funktion INT(X) kann man durch Addition von ∅.5 zu dem jeweiligen Argument auf- bzw. abrunden, wie es die folgenden Beispiele zeigen.

Beispiele:

BASIC	Berücksichtigter Wert	Erläuterung
INT (5.33 + ∅.5)	5	Abrundung
INT (5.88 + ∅.5)	6	Aufrundung
INT (−5.33 + ∅.5)	−5	Abrundung
INT (−5.88 + ∅.5)	−6	Aufrundung

- Die **Signumfunktion SGN(X)** gibt das Vorzeichen des Arguments in folgende Weise an:

$$sgnx = + 1 \qquad \text{für} \qquad x > \emptyset$$
$$sgnx = \quad \emptyset \qquad \text{für} \qquad x = \emptyset$$
$$sgnx = - 1 \qquad \text{für} \qquad x < \emptyset$$

- Mit Hilfe der **Standardfunktion RND(X)** können gleichverteilte Zufallszahlen zwischen 0 und 1 erzeugt werden. Dazu muß als Argument eine positive oder negative Zahl gewählt werden. Wählt man ein positives Argument, erhält man immer dieselbe Folge von Zahlen, während ein negatives Argument eine zufällige Folge von Zahlen erzeugt.

- Die Standardfunktionen sind so ausgewählt, daß sich andere mathematische Funktionen leicht durch sie ausdrücken lassen.

Beispiel:

Mathematische Schreibweise	BASIC
ctgx	COS(X)/SIN(X)

6.6. Zusammenfassung

Zeichenvorrat

Der Zeichenvorrat von BASIC umfaßt

- 26 Großbuchstaben (A bis Z)
- 10 Ziffern   ($\emptyset$ bis 9)
- 14 Sonderzeichen $+ - * / = (\,) , . ; : ' < > "$

Aus dem BASIC-Zeichenvorrat werden alle BASIC-Sprachelemente gebildet.

Konstante

Eine Konstante hat einen festen Wert, der durch eine Zahl festgelegt wird.

Ganze Zahlen (INTEGER-Zahlen) werden in BASIC-Programmen folgendermaßen geschrieben:

> $\pm$ Ziffernfolge

Bei *Dezimalzahlen* (REAL-Zahlen) unterscheidet man Dezimalzahlen in Dezimalschreibweise und Zehnerexponentialschreibweise.

Dezimalzahlen in *Dezimalschreibweise* werden in BASIC-Programmen folgendermaßen geschrieben:

> $\pm$ Ziffernfolge . Ziffernfolge

Als Dezimalzeichen ist nur der Dezimalpunkt erlaubt.

Dezimalzahlen in *Zehnerexponentialschreibweise* werden in BASIC-Programmen folgendermaßen geschrieben:

> ± Ziffernfolge . Ziffernfolge E ± Exponent

Im Gegensatz zur Mathematik muß vor dem Exponenten einer BASIC-Konstanten in Zehnerexponentialschreibweise mindestens eine Ziffer stehen.

Der Exponent muß immer eine ganze Zahl sein.

Dezimalzahlen und Brüche sind nicht erlaubt.

In der Schreibweise wirkt sich vereinfachend aus, daß führende und nachgestellte Nullen ohne Bedeutung sind.

Variable

Man unterscheidet in BASIC folgende Variablentypen:

- Einfache Variable
- Indizierte Variable

Einfache Variable

Eine Variable steht stellvertretend für einen momentanen Wert.

Den variablen Größen werden dazu symbolische Namen gegeben. Sie dienen der Unterscheidung der Variablen voneinander und dürfen daher nur eindeutig verwendet werden.

Ein BASIC-Variablenname wird gebildet:

- aus 1 bis 2 BASIC-Zeichen
- das erste Zeichen muß ein Buchstabe sein
- das zweite Zeichen muß, falls es benutzt wird, eine Ziffer sein.

Indizierte Variable

Die Indizierung bietet die Möglichkeit, Variablen zu beziffern. Bei der Indizierung in BASIC sind folgende Regeln zu beachten:

- Der Variablenname darf bei indizierten Variablen i.a. nur aus einem einzelnen Buchstaben bestehen.
- Der dem Variablennamen folgende Index muß in Klammern gesetzt werden.
- Die indizierte Variable darf höchstens zwei Indizes besitzen. Beide Indices müssen durch ein Komma voneinander getrennt werden.
- Der Index kann eine Zahl, eine Variable, eine indizierte Variable oder ein arithmetischer Ausdruck sein.

Feld und Feldvereinbarung

Die Menge aller indizierten Variablen, die den gleichen Variablennamen haben, werden als Feld bezeichnet.

Man unterscheidet in BASIC ein- und zweidimensionale Felder, je nach Anzahl der Indices.

Ein zweidimensionales Feld (Tabelle, Matrix) besteht aus waagerechten Zeilen und senkrechten Spalten. Der erste der beiden Indices gibt die Zeilennummer, der zweite die Spaltennummer an.

Besteht ein Feld nur aus einer Zeile oder Spalte, so handelt es sich um ein eindimensionales Feld (Liste, Vektor).

Jedes Element eines Feldes kann durch Angabe der Feldvariablen und durch Nennung der jeweiligen Indices angesprochen werden.

Mit Hilfe der DIM-Vereinbarung wird der DVA mitgeteilt, wieviel Speicherplatz für jedes Feld bereitgestellt werden muß.

Dies ist jedoch nur nötig für:

- Listen mit mehr als 11 Elementen
- Tabellen mit mehr als 11 * 11 Elementen

Für eindimensionale Felder ist die allgemeine Form der DIM-Vereinbarung:

$$\boxed{n \; DIM \; V_1(m_1), V_2(m_2), ..., V_x(m_x)}$$

Für zweidimensionale Felder ist die allgemeine Form der DIM-Vereinbarung

$$\boxed{n \; DIM \; V_1(m_{1Z}, m_{1S}), V_2(m_{2Z}, m_{2S}), ..., V_x(m_{xZ}, m_{xS})}$$

Die Feldvereinbarung wird i. a. an den Programmanfang gestellt.

Arithmetische Operationszeichen

BASIC kennt folgende arithmetische Operationszeichen:

$$+ - * / ** \text{ bzw. } \uparrow$$

Standardfunktionen

Viele Operationen, die nicht zu den genannten arithmetischen Operationen gehören, werden mit Hilfe von Standardfunktionen ausgedrückt.

Auf den Namen der Standardfunktion, bestehend aus drei Buchstaben, folgt, durch Klammern getrennt, das Argument der Standardfunktion.

Das Argument der Standardfunktion darf aus beliebigen Konstanten, Variablen, arithmetischen Ausdrücken oder Standardfunktionen bestehen.

Bei den Winkelfunktionen muß man beachten, daß das Argument im Bogenmaß eingesetzt wird und keinesfalls im Gradmaß.

6.7. Übungsaufgaben

Die Lösungen der Übungsaufgaben befinden sich in Kap. 14

Aufgabe 6.1

Der größte Zehnerexponent, den eine DVA in wissenschaftlicher Schreibweise verarbeiten kann, sei hier zu $10^{\pm 99}$ angenommen. Sind folgende Schreibweisen für Konstanten zulässig? Geben Sie eine Begründung an, wenn die Schreibweise nicht zulässig ist.

Nr.	BASIC-Konstante	Ja	Nein	Begründung
1	13.3 E 99	0	0	
2	1.33 E 99	0	0	
3	Ø.ØØ 133 E −99	0	0	
4	+ 195	0	0	
5	1Ø.7 E 6.3	0	0	
6	1,234	0	0	
7	−Ø.1234 E −17	0	0	
8	$\frac{6}{7}$	0	0	

Aufgabe 6.2

Sind folgende Variablennamen zulässig?

Nr.	Variablenname	Ja	Nein	Begründung
1	C 1	0	0	
2	K 2R	0	0	
3	Q	0	0	
4	K /	0	0	
5	4 R	0	0	
6	A	0	0	
7	M 12	0	0	
8	A A	0	0	
9	π	0	0	
10	88	0	0	

Aufgabe 6.3

Geben Sie für folgende indizierte Variablen die BASIC-Schreibweise an und erläutern Sie sie!

Nr.	Mathematische Schreibweise	BASIC	Erläuterung
1	a_4		
2	$x_{2,3}$		
3	y_{k1}		
4	$r_{i+3,5}$		
5	x_{y_2}		
6	$c_4 \cdot M,\ G_{M,N}$		

Aufgabe 6.4

Es sei folgende quadratische Matrix (5 Zeilen, 5 Spalten) gegeben:

13	9	2	108	9
3	(11)	4	7	27
31	29	17	(27)	25
1	5	8	19	99
(3)	4	16	7	21

Dieses Feld soll den Feldnamen A besitzen. Geben Sie die indizierten BASIC-Variablen der eingekreisten Feldelemente an.

Aufgabe 6.5

Nr.	Aufgabe
1	Geben Sie die DIM-Vereinbarung für ein eindimensionales Feld mit der Feldvariablen F für maximal 15 Elemente an.
2	Geben Sie die DIM-Vereinbarung für ein zweidimensionales Feld mit der Feldvariablen Q mit maximal 15 Zeilen und Spalten sowie ein weiteres eindimensionales Feld mit der Feldvariablen V mit maximal 10 Elementen an.
3	Ist die DIM-Vereinbarung für die Feldvariable V in Aufgabe 2 unbedingt erforderlich?

Die Anweisungsnummer sei für alle drei Aufgaben frei wählbar.

Aufgabe 6.6

Drücken Sie die folgenden Funktionen durch BASIC-Standardfunktionen aus:

Nr.	Funktion in mathematischer Schreibweise	BASIC
1	$\sqrt{118,5}$	
2	ln 10	
3	sin 3,289 (rad)	
4	cos 45°	
5	$\|A - 15\|$	
6	$\sqrt{\sin x}$	
7	$[\|x + 1\| + 0.5]$	

7. Programmsätze

Bisher wurden nur einzelne *Sprachelemente* wie Zahlen, Variablen usw. besprochen. Sie lassen sich mit *Worten* der Umgangssprache vergleichen. Allein genommen ergeben sie noch keinen Sinn. Erst im Satz erhält das einzelne Wort seinen Sinn. Dies ist auch bei einer Programmiersprache so. Aus den einzelnen Sprachelementen müssen Programm-*sätze* gebildet werden, die eine DVA versteht. Das Programm besteht dann seinerseits aus einer Folge von Sätzen (vgl. Bild 6.1 in Kap. 6.1).

Ziel der folgenden Abschnitte ist es, die zum Programmieren notwendigen Satzformen kennenzulernen. Dabei sind prinzipiell zwei Programmsätze zu unterscheiden:

- Anweisungen und
- Vereinbarungen

Anweisungen bewirken, daß die DVA Operationen ausführt, die dem Fortgang der Rechnung dienen.

Vereinbarungen bewirken, daß die DVA Zusatzinformationen erhält, die sie zur richtigen Ausführung der Anweisungen benötigt.[1]

Die Kommentarvereinbarung REM (5.3) und die Feldvereinbarung DIM (6.3.4) sind Beispiele für Vereinbarungen. Die DIM-Vereinbarung teilt der DVA z.B. mit, wie viele Speicherplätze bereitzustellen sind. Diese Information dient jedoch nicht dem Fortgang der Rechnung, sondern ist lediglich eine Vorsorge, daß alle Daten abgespeichert werden können.

8. Die arithmetische Zuordnungsanweisung

8.1. Der arithmetische Ausdruck

Der arithmetische Ausdruck ist, wie noch ausführlich gezeigt wird, Teil der arithmetischen Zuordnungsanweisung. Er besteht aus Konstanten, Variablen und Standardfunktionen, die mit Hilfe von arithmetischen Operatoren verknüpft werden (vgl. Bild 6.1 in Kap. 6.1).

Beispiele für arithmetische Ausdrücke:

Mathematische Schreibweise	BASIC
$x - y$	X - Y
$2a$	2 * A
f^2	F ** 2 [2]

Arithmetische Ausdrücke stellen Vorschriften zur Berechnung von Zahlenwerten dar.

Bei dem Aufbau komplizierter arithmetischer Ausdrücke ist es wichtig, einige Regeln zu beachten. Sie sollen in den folgenden Abschnitten angegeben und erläutert werden.

---

[1] Anweisungen und Vereinbarungen werden vielfach unter dem Begriff ,,statement'' zusammengefaßt.

[2] Vielfach wird als Potenzierungszeichen anstelle von ** auch ↑ benutzt.

8.2. Die Rangordnung arithmetischer Operatoren

In der Mathematik werden die einzelnen arithmetischen Rechenoperationen nach einer festen Rangordnung abgearbeitet. Die Rangordnung findet Ausdruck in der bekannten Regel:

Punktrechnung vor Strichrechnung.

Da BASIC eine mathematisch-naturwissenschaftlich orientierte Programmiersprache ist, gilt auch für sie die in der Mathematik gebräuchliche Rangfolge.

Für die Rangordnung arithmetischer Operatoren gilt:

Punktrechnung vor Strichrechnung

Rang 1: **   (Potenzierung)[1][2])
Rang 2: * und /   (Multiplikation und Division)
Rang 3: + und −   (Addition und Subtraktion)

Stehen mehrere arithmetische Operatoren verschiedenen Ranges in einer Anweisung, so werden die Verknüpfungen entsprechend ihrer Rangfolge abgearbeitet.

Beispiele für die Behandlung arithmetischer Operatoren verschiedenen Ranges in arithmetischen Ausdrücken:

Arithmetischer Ausdruck	Erläuterung
B + C * D ** 4 1. 2. 3.	Die Rechenvorschrift wird schrittweise abgearbeitet: **1. Schritt:** Die ranghöchste Rechenoperation wird ausgeführt. In diesem Beispiel wird also zunächst D ** 4 (D^4) errechnet. **2. Schritt:** Von den verbliebenen Rechenoperationen wird die davon ranghöchste Rechenoperation ausgeführt. In diesem Beispiel wird das Ergebnis von D ** 4 mit C multipliziert. **3. Schritt:** Letztlich wird die Rechenoperation mit dem niedrigsten Rang ausgeführt. Das Ergebnis aus dem 2. Rechenschritt wird zu B addiert.
B * C ** 3 + D 1. 2. 3.	Die Rechenvorschrift wird schrittweise abgearbeitet: **1. Schritt:** Die erste Rechenoperation, die ausgeführt wird, ist C ** 3. **2. Schritt:** Die zweite Rechenoperation, die ausgeführt wird, ist die Multiplikation von B mit dem Ergebnis von C ** 3. **3. Schritt:** Die dritte Rechenoperation, die ausgeführt wird, ist die Addition von D zu dem Ergebnis von B * C ** 3.

---

[1] Vielfach wird als Potenzierungszeichen anstelle von ** auch ↑ benutzt.

[2] Kommen Standardfunktionen in arithmetischen Ausdrücken vor, wird ihnen der höchste Rang zugeordnet.

In arithmetischen Ausdrücken stehen jedoch nicht nur Operatoren mit unterschiedlichen Rängen.

Stehen mehrere gleichrangige arithmetische Operatoren in einem arithmetischen Ausdruck, so werden sie in der Reihenfolge von links nach rechts behandelt.

Beispiele für die Behandlung arithmetischer Operatoren gleichen Ranges in arithmetischen Ausdrücken:

Arithmetischer Ausdruck	Erläuterung
$B * C + D * E$ 1. 2. 3.	Die Rechenvorschrift wird in folgenden Schritten abgearbeitet: **1. Schritt:** Die ranghöchste Rechenoperation, hier die Multiplikation, soll der Rangfolge entsprechend zuerst ausgeführt werden. Da jedoch zwei Rechenoperationen von gleichem Rang vorhanden sind, wird die am weitesten links stehende Rechenoperation, d. h. das Produkt von B und C, zuerst ausgeführt. **2. Schritt:** Die verbliebene Rechenoperation vom gleichen Rang, das Produkt von D und E, wird als nächstes ausgeführt. **3. Schritt:** Die beiden gewonnenen Produkte werden addiert.
$B + C - D * E / F$ 1. 2. 3. 4.	Die Rechenvorschrift wird in folgenden Schritten abgearbeitet. **1. Schritt:** Die erste Rechenoperation, die ausgeführt wird, ist die Multiplikation von D und E. **2. Schritt:** Die nächste Rechenoperation ist die Division des im ersten Schritt gewonnenen Ergebnisses durch F. **3. Schritt:** Die nächste Rechenoperation ist die Addition von B und C. **4. Schritt:** Die nächste Rechenoperation ist die Subtraktion des im zweiten Schritt gewonnenen Ergebnisses von dem im dritten Schritt gewonnenen Ergebnis.

Bei der Übertragung der mathematischen Schreibweise arithmetischer Ausdrücke in die zugehörige BASIC-Schreibweise ist insbesondere darauf zu achten, daß der Multiplikationsoperator, der in der mathematischen Schreibweise vielfach fortgelassen wird, geschrieben werden muß.

Der Multiplikationsoperator darf in arithmetischen BASIC-Ausdrücken nicht fortgelassen werden.

Beispiel:

Mathematische Schreibweise	BASIC-Schreibweise
$a = \dfrac{bc}{de}$	$A = B * C/D/E$

8.3. Klammerausdrücke

Klammerausdrücke werden in der Mathematik benötigt, wenn eine andere Reihenfolge ausgeführt werden soll als durch die Rangfolge der Operatoren vorgegeben ist. Bei BASIC gelten die aus der Mathematik bekannten Klammerregeln.

Klammerausdrücke haben vor den arithmetischen Operatoren Vorrang.

Innere Klammerausdrücke haben Vorrang vor den äußeren Klammerausdrücken.

Gleichrangige Klammerausdrücke werden von links nach rechts behandelt.

Beispiele für Klammerausdrücke:

Arithmetischer Ausdruck	Erläuterung
$(V * S + R) * H$ 1. 2. 3.	Die Rechenvorschrift wird in folgenden Schritten abgearbeitet: **1. Schritt:** Die Berechnung der Klammer hat Vorrang. Innerhalb der Klammer gilt die Rangordnung der Operatoren. Die erste Rechenoperation ist daher die Multiplikation von V und S. **2. Schritt:** Die zweite Rechenoperation ist die Addition von R zum Ergebnis, welches im ersten Schritt gewonnen wurde. **3. Schritt:** In einem dritten Rechenschritt wird das Ergebnis des zweiten Rechenschritts mit dem Wert von H multipliziert.
$A * ((B + E) * D - F)$ 1. 2. 3. 4.	Bei diesem Beispiel ist insbesondere die Regel „innere Klammer vor äußerer Klammer" zu beachten. Die unter der Gleichung angeordneten Klammern zeigen die Reihenfolge der Bearbeitungsschritte an.
$A * (B + S) - D/(P + Q)$ 1. 2. 3. 4. 5.	Bei diesem Beispiel ist insbesondere die Regel „gleichrangige Klammerausdrücke werden von links nach rechts behandelt" zu beachten. Die unter der Gleichung angeordneten Klammern zeigen die Reihenfolge der Bearbeitung an.

8.4. Vorzeichen

Es kommt häufig vor, daß Operationszeichen und Vorzeichen direkt aufeinander folgen. Der Compiler kann diesen Unterschied jedoch nicht erkennen. Für ihn folgen zwei arithmetische Operatoren aufeinander, von denen er nicht weiß, welche dieser Operationen ausgeführt werden soll. Aus diesem Grunde ist es in arithmetischen BASIC-Ausdrücken nicht erlaubt, daß zwei arithmetische Operatoren *unmittelbar* aufeinander folgen.

Zwei arithmetische Operatoren dürfen nie unmittelbar aufeinander folgen.

Die vorzeichenbehaftete Variable ist daher stets in Klammern einzuschließen.

Beispiele für vorzeichenbehaftete Variable:

A = B * (– C) ist erlaubt; I = A – (+ B) ist erlaubt;	A = B * – C ist verboten I = A – + B ist verboten

8.5. Die allgemeine Form der arithmetischen Zuordnungsanweisung (LET-Anweisung)

Die arithmetische Zuordnungsanweisung hat die allgemeine Form

   n LET Variable = arithmetischer Ausdruck   [1])

Die arithmetische Zuordnungsanweisung besteht

- aus der Anweisungsnummer n,
- dem Schlüsselwort LET, das die Art der auszuführenden Operation angibt und
- der Zuweisung: Variable = arithmetischer Ausdruck.

Bei der Zuweisung wird der Wert eines arithmetischen Ausdrucks, der nach den soeben besprochenen arithmetischen Regeln ausgewertet wurde, einer Variablen zugeordnet. Damit die Zuordnung vom Compiler stets richtig getroffen werden kann, steht der arithmetische Ausdruck, aus dem der Wert der Variablen ermittelt wird, auf der rechten Seite des Gleichheitszeichens, während die Variable, der der Wert des arithmetischen Ausdrucks zugewiesen wird, stets auf der linken Seite des Gleichheitszeichens steht.

Der Wert der linksstehenden Variablen *ergibt* sich aus dem Wert des rechsstehenden arithmetischen Ausdrucks oder anders ausgedrückt:

Der Wert des rechtsstehenden arithmetischen Ausdrucks wird der linksstehenden Variablen *zugeordnet*.

Beispiele für arithmetische Zuordnungsanweisungen:

Arithmetische Zuordnungsanweisung	Erläuterung
5 LET P = 3.14	Der Variablen mit dem Variablennamen P wird der Zahlenwert 3.14 zugeordnet. Technisch gesehen spielt sich folgender Vorgang bei der Zuordnung ab: In dem für die Variable P bereitgehaltenen Speicherplatz der DVA wird durch diese Zuordnung der Zahlenwert 3.14 abgespeichert.
1∅ LET X = Z * Y	Der Variablen mit dem Variablennamen X wird der Wert des Produktes der Variablen Z und Y zugeordnet. Technisch gesehen spielt sich folgender Vorgang bei der Zuordnung ab: Der Wert der Variablen Z wird mit dem Wert der Variablen Y multipliziert und das Ergebnis in dem für die Variable X bereitgehaltenen Speicherplatz der DVA abgespeichert.

---

[1]) Bei vielen modernen DVA's kann inzwischen auf das Schlüsselwort LET verzichtet werden, da die Art der Anweisung schon hinreichend durch das Gleichheitszeichen gekennzeichnet wird.

Die arithmetische Zuordnungsanweisung hat eine reine Zuordnungsfunktion. Das Gleichheitszeichen stellt keine Gleichheit im Sinne der Mathematik dar. Dies verdeutlicht das folgende Beispiel:

Arithmetische Zuordnungsanweisung	Erläuterung
15 LET I = I + 1	Diese arithmetische Zuordnungsanweisung bewirkt, daß der Wert der Variablen mit dem Variablennamen I um 1 erhöht wird. Technisch spielt sich folgender Vorgang bei der Zuordnung ab: Der Wert der Variablen I, der in der Speicherzelle mit der symbolischen Adresse I enthalten ist, wird um 1 erhöht. Der sich daraus ergebende Wert wird nun in dem Speicherplatz der Variablen I der DVA abgespeichert. Der ursprüngliche Wert der Variablen I wird bei diesem Vorgang vernichtet, oder, wie man auch sagt, durch den neuen Wert überschrieben. Dieses Beispiel zeigt deutlich den Unterschied zwischen einer arithmetischen Zuordnungsanweisung und einer Gleichung. Die Form I = I + 1 ist als Gleichung sinnlos.

Mathematische Gleichungen, die nicht in der Form

> **Variable = arithmetischer Ausdruck**

vorliegen, müssen vorher entsprechend umgeformt werden.

Beispiel

Mathematische Gleichung	Umformung	BASIC
$\frac{1}{x} = \frac{1}{y} + \frac{1}{z}$	$x = \dfrac{1}{\frac{1}{y} + \frac{1}{z}}$	5 LET X = 1/((1/Y) + (1/Z))

In BASIC sind auch Mehrfachzuweisungen möglich, wenn mehreren Variablen der gleiche Wert zugewiesen werden soll.[1]

Beispiele für Mehrfachzuweisungen in BASIC:

Mehrfachzuweisung	Erläuterung
1Ø LET A = B = C = 5	Den Variablen a, b und c wird jeweils der Wert 5 zugeordnet.
15 LET A = B = C = 2 * X ** N	Zunächst wird der Wert der Variablen x mit dem Wert der Variablen n potenziert und dies mit der Konstanten 2 multipliziert. Das Ergebnis wird den Variablen a, b und c zugeordnet.

---

[1] Dies gilt nicht für alle DVA's. Genaue Auskünfte geben die Herstellerhandbücher.

8.6. Zusammenfassung

Arithmetische *Ausdrücke* stellen Vorschriften zur Berechnung von Zahlenwerten dar. Sie bestehen aus Konstanten, Variablen und Standardfunktionen, die mit Hilfe von arithmetischen Operatoren verknüpft werden.

Bei dem Aufbau von arithmetischen Ausdrücken sind einige Regeln zu beachten:

- Stehen mehrere arithmetische Operatoren verschiedenen Ranges in einer Anweisung, werden die Verknüpfungen entsprechend ihrer Rangfolge behandelt.

  Für die Rangordnung arithmetischer Operatoren gilt:

  Rang 1: **
  Rang 2: * und /
  Rang 3: + und −

- Stehen mehrere gleichrangige arithmetische Operatoren in einem arithmetischen Ausdruck, werden sie in der Reihenfolge von links nach rechts behandelt.

- Der Multiplikationsoperator darf in arithmetischen BASIC-Ausdrücken nicht fortgelassen werden.

- Klammerausdrücke haben vor den arithmetischen Operationen Vorrang.

- Innere Klammerausdrücke haben Vorrang vor den äußeren Klammerausdrücken.

- Gleichrangige Klammerausdrücke werden von links nach rechts behandelt.

- Zwei arithmetische Operatoren dürfen nie unmittelbar aufeinander folgen.

Eine arithmetische *Zuordnungsanweisung* hat die allgemeine Form:

```
n LET Variable = arithmetischer Ausdruck
```

Der Wert des rechtsstehenden arithmetischen Ausdrucks wird der linksstehenden Variablen zugeordnet.

Wenn mehreren Variablen der gleiche Wert zugewiesen werden soll, sind Mehrfachzuweisungen möglich.

8.7. Übungsaufgaben

Mit Hilfe der folgenden Übungsaufgaben soll das Schreiben und Lesen von BASIC-Formelausdrücken geübt werden. Die Lösungen befinden sich in Kap. 14. Zusätzlich zur Lösung werden in der Spalte „Bemerkung" Hinweise gegeben, auf welche Punkte besonders zu achten ist, um Fehler zu vermeiden.

Schon einmal angeführte Hinweise wurden in den darauf folgenden Formeln nicht mehr aufgeführt.

Aufgabe 8.1

Geben Sie an, in welcher Reihenfolge die einzelnen arithmetischen Operationen in den
folgenden arithmetischen BASIC-Ausdrücken bearbeitet werden:

Nr.	Arithmetischer Ausdruck
1	2 * A * * 3
2	A + B/C + D * * C
3	(A * * 2 + B * * 2) * .2
4	SQR (ABS (X + 1) + A)
5	KØ * (1 + P/1ØØ) * * N

Aufgabe 8.2

Übertragen Sie die folgenden Formeln aus der in der Mathematik üblichen Formelschreibweise in die BASIC-Schreibweise.

Nr.	Mathematische Schreibweise	BASIC-Schreibweise
1.	$U = 2\pi r$	
2.	$F = \pi r^2$	
3.	$c = a + 2 b^3$	
4.	$h = a + \dfrac{b}{c} + f d^e - g$	
5.	$x = a (b - cd)$	
6.	$y = \dfrac{a}{5 + 2b}$	
7.	$y = \dfrac{a}{5} + 2b$	
8.	$e = \dfrac{ab}{cd}$	
9.	$e = \dfrac{7}{8} (x - y)$	
10.	$c = \sqrt{a^2 + b^2}$	
11.	$a = \cos \alpha$	
12.	$b = \tan^3 X$	
13.	$y = |a| + |b - c|$	

Aufgabe 8.3

Übertragen Sie die folgenden Formeln aus der BASIC-Schreibweise in die in der Mathematik übliche Formelschreibweise (Variable P steht für π, G für γ, O für ω).

Nr.	BASIC-Schreibweise	Mathematische Schreibweise
1.	5 LET X = 4 * 3.14 * R **3/3	
2.	1∅ LET Y = 1/(M ** (– 2) – N ** (– 2))	
3.	15 LET Z = (1 – 2 * I) ** (1 /3)	
4.	2∅ LET U = EXP (– Y * Y/(2 * P * S))	
5.	25 LET V = EXP (N * LOG (Y))	
6.	3∅ LET Y = LOG ((ABS ((X + 1)/X))	
7.	35 LET W = ((A + B) ** 2) ** (1/5)	
8.	4∅ LET N = A * (1 – EXP (– T/2))	
9.	45 LET G = A ** ((N ** 2) – 1)	
10.	5∅ LET C = SQR (A * A + B * B – 2 * A * B * COS (G))	
11.	55 LET R1 = SQR (R * R + (O * A – 1 /(O * C)) ** 2)	

9. Steueranweisungen

In einem BASIC-Programm werden die Anweisungen in aufsteigender Reihenfolge der Anweisungsnummern geordnet und ausgeführt (vgl. 5.1). Da die Anweisungsnummern bereits bei der Aufstellung des Programms vergeben werden, liegt die Bearbeitungsfolge der Anweisungen schon vor dem Programmablauf fest. Oft ist es jedoch wünschenswert, den Programmablauf in Abhängigkeit von berechneten oder eingegebenen Werten steuern zu können.

Man unterscheidet dabei folgende Steueranweisungen:
- Sprunganweisungen
- Programmverzweigungsanweisungen
- Schleifenanweisungen
- Programmbeendungsanweisungen

9.1. Unbedingte Sprunganweisungen

Die Ausführung der unbedingten Sprunganweisung GOTO führt zu einer unbedingten Programmverzweigung. Sie wird immer dann benutzt, wenn von einer Anweisung im Programm ohne jede einschränkende Bedingung zu einer anderen Anweisung im Programm gesprungen werden soll. Als Sprungziel wird die Anweisungsnummer dieser Anweisung angegeben. Nach erfolgtem Sprung wird das Programm *linear* weiter abgearbeitet, bis gegebenenfalls eine andere Steueranweisung die Reihenfolge ändert.

Die unbedingte Sprunganweisung hat die Form:

$$\boxed{n_1 \; GOTO \; n_2}$$

Hierbei ist:

- n_1 die Anweisungsnummer der unbedingten Sprunganweisung,
- GOTO das Schlüsselwort der unbedingten Sprunganweisung und
- n_2 das Sprungziel der unbedingten Sprunganweisung.

Die unbedingte Sprunganweisung bewirkt, daß das Programm mit der Anweisung der Anweisungsnummer n_2 fortgesetzt wird.

Beispiele für den Einsatz von unbedingten Sprunganweisungen:

Beispiel für einen Vorwärtssprung:

```
      .
      .
  ┌─ 5  GOTO 11
  │   .
  │   .
  │   .
  └─ 11 LET X = Y + Z
      .
      .
```

In diesem Ausschnitt eines Programmbeispieles, in dem einige Anweisungen durch Punkte symbolisch dargestellt wurden, wird gezeigt, daß mit Hilfe der unbedingten Sprunganweisung ein Programmteil übersprungen werden kann. In dem dargestellten *Vorwärtssprung* werden nach dem Befehl GOTO 11 drei Anweisungen übersprungen. Das Programm wird dann mit der Anweisung der Anweisungsnummer 11, d. h. mit der Anweisung LET X = Y + Z, fortgesetzt.

Mit Hilfe der unbedingten Sprunganweisung kann ein Programmteil übersprungen werden.

Das Sprungziel kann jedoch auch vor der unbedingten Sprunganweisung liegen. Man spricht dann von einem *Rücksprung*.

Beispiel für einen Rücksprung:

```
      .
      .
  ┌─▶ 5  LET X = Y + Z
  │   .
  │   .
  │   .
  └─ 25 GOTO 5
      .
      .
```

Das Programmstück zwischen den beiden ausgeschriebenen Anweisungen wird immer wieder durchlaufen. Auf diese Weise kann man also eine *Programmschleife* bilden.

Mit Hilfe eines Rücksprungs kann eine Programmschleife gebildet werden.

In diesem Beispiel wird die Programmschleife endlos lange durchlaufen. Um zu erreichen, daß eine Schleife nur endlich oft durchlaufen wird, muß in Abhängigkeit von einer Bedingung aus der Schleife herausgesprungen werden. Dies kann z.B. durch Programmverzweigungsanweisungen (vgl. 9.3) geschehen.

9.2. Berechnete Sprunganweisungen (Verteiler)

Es kann beim Programmieren vorkommen, daß für einen Sprung mehrere Sprungziele vorgesehen werden sollen und daß erst eine Rechnung während des Programmablaufs angibt, wohin gesprungen werden soll.

Die berechnete Sprunganweisung hat die Form:

   n ON a GOTO $n_1, n_2, ..., n_m$ [1])

Dabei ist:

- n die Anweisungsnummer der berechneten Sprunganweisung,
- ON zusammen mit GOTO das Schlüsselwort der berechneten Sprunganweisung,
- a der arithmetische Ausdruck der Bedingung, aus dem errechnet wird, zu welchem Sprungziel gesprungen werden soll und
- n_i für $i = 1, 2, ..., m$ die Anweisungsnummer von ausführbaren Anweisungen, die als Sprungziele möglich sind.

Die berechnete Sprunganweisung bewirkt, daß in Abhängigkeit vom Wert i des arithmetischen Ausdrucks a zu der Anweisung mit der Anweisungsnummer n_i gesprungen wird.

Nimmt z.B. der arithmetische Ausdruck a den Wert 1 an, wird zur ersten angegebenen Anweisungsnummer der Liste verzweigt. Nimmt der arithmetische Ausdruck den Wert 2 an, so wird zur zweiten Anweisungsnummer der Liste verzweigt usw. .

Beispiel für eine berechnete Sprunganweisung:

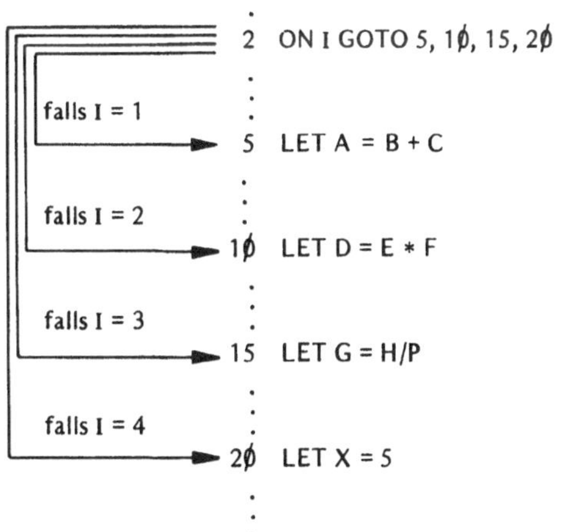

---

[1]) Die berechnete Sprunganweisung ist nicht in allen BASIC-Versionen enthalten.

Wenn die Berechnung des arithmetischen Ausdrucks keine ganze Zahl, sondern eine
Dezimalzahl ergibt, wird nur der ganzzahlige Teil gemäß der Standardfunktion INT (X)
berücksichtigt (vgl. 6.5).

Beispiel für eine berechnete Sprunganweisung:

   5 ON A + B 1Ø, 15, 2Ø, 25, 3Ø

Den Variablen A und B mögen folgende Werte zugeordnet sein:

   A = 1,3;   B = 2,6.

Die Berechnung des arithmetischen Ausdrucks ergibt: A + B = 3,9. Da nur der ganzzahlige Anteil
berücksichtigt wird, wird zur dritten Anweisungsnummer, d. h. zur Anweisung mit der Anweisungsnummer 2Ø gesprungen.

Wäre hingegen A = 1,5 und B = 2,6, so ergäbe sich A + B = 4,1 und es würde zur vierten Anweisungsnummer, d. h. zur Anweisung mit der Anweisungsnummer 25 verzweigt.

Ist das Ergebnis des arithmetischen Ausdrucks negativ, null oder größer als die Anzahl der
angegebenen Anweisungsnummern, so ist die anzuspringende Anweisung nicht definiert
und es wird eine Fehlermeldung ausgegeben.

Beispiel für eine berechnete Sprunganweisung:

   1Ø ON A – B 1ØØ, 11Ø, 12Ø

Es muß darauf geachtet werden, daß der Wert der Variablen   B stets kleiner ist als der Wert der Variablen A, da der arithmetische Ausdruck sonst negativ bzw. null würde. Dies würde zu einer Fehlermeldung führen.

Weiterhin darf der Ausdruck A – B nicht größer als drei werden, da nur drei Sprungziele in Form von
Anweisungsnummern vorhanden sind.

Die berechnete Sprunganweisung eignet sich besonders vorteilhaft für die Fälle, in denen
eine vielfache Verzweigung (Verteiler) des Programms erforderlich ist.

9.3. Programmverzweigungsanweisung

Programmverzweigungsanweisungen bieten die Möglichkeit, das Programm in Abhängigkeit bestimmter Bedingungen zu verzweigen. Derartige Probleme werden in BASIC ähnlich
wie in der Umgangssprache in Form einer Wennanweisung formuliert.

- Umgangssprache:
  Wenn die Bedingung *B* erfüllt ist, *dann* soll die Operation *O* ausgeführt werden.

- BASIC allgemein
  IF B THEN O

Die *Verzweigungsbedingung B* muß in BASIC durch einen *Vergleich* zweier arithmetischer Ausdrücke wie folgt beschrieben werden.

   $a_1 \oplus a_2$

Hierbei sind a_1 und a_2 die zu vergleichenden arithmetischen Ausdrücke und $\oplus$ das
Symbol des Vergleichsoperators.

BASIC kennt sechs Vergleichsoperatoren

Mathematisches Symbol	BASIC	Deutsche Sprechweise
$<$	$<$	kleiner als
$\leq$	$<=$	kleiner gleich
$=$	$=$	gleich
$\geq$	$>=$	größer gleich
$>$	$>$	größer
$\neq$	$<>$	ungleich[1])

In dem Vergleichsausdruck $a_1 \oplus a_2$ muß das *allgemeine* Symbol $\oplus$ für den Vergleichsoperator durch einen dieser sechs *speziellen* Vergleichsausdrücke ersetzt werden.

Beispiele für Vergleichsausdrücke:

Mathematische Schreibweise	BASIC	Deutsche Sprechweise
$a < b$	$A < B$	a kleiner als b
$d \geq e$	$D >= E$	d größer gleich e
$f \neq g + h$	$F <> G + H$	f ungleich g + h

Die *Operation O,* die bei Erfüllung der Bedingung B ausgeführt werden soll, wird in der Anweisung nicht direkt angegeben, sondern indirekt durch Angabe der Anweisungsnummer der auszuführenden Operation.

Die Programmverzweigungsanweisung hat somit die Form:

n_1 IF $a_1 \oplus a_2$ THEN n_2

Hierbei ist:

n_1 die Anweisungsnummer der Programmverzweigungsanweisung

IF   zusammen mit THEN das Schlüsselwort der berechneten Sprunganweisung

a_1, a_2 die zu vergleichenden arithmetischen Ausdrücke

$\oplus$ das Symbol des Vergleichsoperators

n_2 die Anweisungsnummer der Anweisung, zu der verzweigt wird, wenn die Bedingung, ausgedrückt durch den Vergleich zweier arithmetischer Ausdrücke, erfüllt ist.

Die Programmverzweigungsanweisung erlaubt somit eine Programmverzweigung in Abhängigkeit von dem Wahrheitswert eines Vergleichsausdrucks.

Ist der Wahrheitswert des Vergleichsausdrucks $a_1 \oplus a_2$ wahr (die Bedingung ist erfüllt), dann wird zur Anweisung mit der angegebenen Anweisungsnummer n_2 verzweigt und daran anschließend,wie gewohnt,im Programm fortgefahren.

---

[1]) Teilweise wird bei einigen DVA's das BASIC-Sonderzeichen # bzw. $> <$ als Vergleichsoperator zur Kennzeichnung der Ungleichheit benutzt.

Ist der Wahrheitswert des Vergleichsausdrucks hingegen falsch (die Bedingung ist nicht erfüllt), dann wird zur nächsten Anweisung, d.h. zur Anweisung mit der nächsthöheren Anweisungsnummer übergegangen.

Die Programmverzweigungsanweisung stellt im Programmablaufplan eine Verzweigung mit zwei Ausgängen dar (vgl. Bild 9.1).

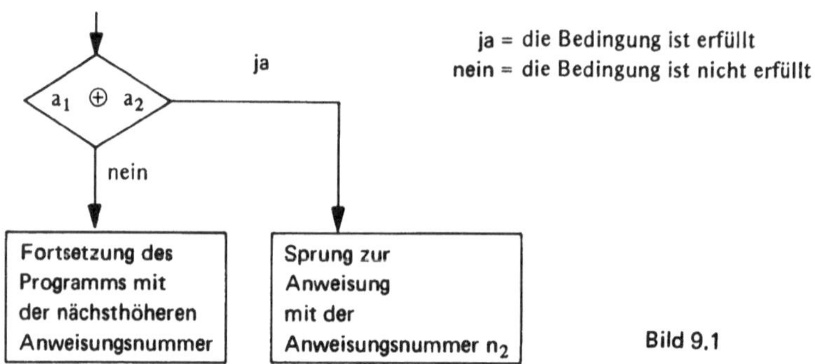

Beispiel für eine Programmverzweigungsanweisung:

```
2Ø IF X > 1Ø THEN 6Ø
3Ø LET A = B + C
4Ø  .
5Ø  .
6Ø LET D = E * F
     .
     .
```

Erläuterung zu dem Beispiel:

Wenn der Wert des Vergleichsausdrucks $X > 1\emptyset$ wahr ist, wird mit der Anweisung der Anweisungsnummer $6\emptyset$ im Programm fortgefahren und die arithmetische Zuordnungsanweisung LET D = E * F ausgeführt.

Wenn der Wert des Vergleichsausdrucks $X > 1\emptyset$ falsch ist, wird zur Anweisung mit der nächsthöheren Anweisungsnummer übergegangen, d.h. hier im Beispiel, daß im Programm mit der Anweisung der Anweisungsnummer $3\emptyset$ fortgefahren wird.

Es wird in diesem Falle die arithmetische Zuordnungsanweisung LET A = B + C ausgeführt.

Im Programmablaufplan wird diese Programmverzweigungsanweisung wie folgt dargestellt:

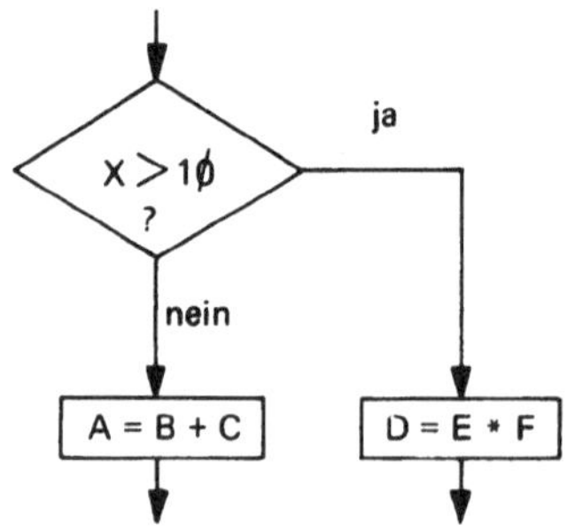

Weitere Beispiele für Programmverzweigungsanweisungen

Nr.	Programmverzweigungsanweisung
1	5 IF A = 1Ø THEN 5Ø
2	1Ø IF B >= C + D THEN 55
3	15 IF C1 <> Ø THEN 6Ø
4	2Ø IF D1 + D2 < A ** 2 THEN 65

9.4. Schleifenanweisungen

Eine Schleife ist eine Folge von mehrfach zu durchlaufenden Anweisungen.

Eine Schleifenanweisung bewirkt, daß eine Folge von Anweisungen mehrfach durchlaufen wird.

Programmschleifen lassen sich zwar schon mit Hilfe der geschilderten Sprung- und Wennanweisungen aufbauen (vgl. 9.1 bis 9.3). Eleganter ist jedoch die Verwendung einer speziellen Schleifenanweisung.

Die Schleifenanweisung besteht aus folgendem Anweisungspaar:

n_1 FOR v = a_1 TO a_2 STEP a_3

$\vdots$

n_2 NEXT v

Hierbei sind:

- n_1 und n_2 die Anweisungsnummern des Anweisungspaares der Schleifenanweisung
- FOR, TO, STEP und NEXT die Schlüsselworte der Schleifenanweisung
- a_1, a_2, a_3 arithmetische Ausdrücke (vgl. 8.1).
  Ein arithmetischer Ausdruck ist im einfachsten Falle eine Konstante bzw. eine Variable
- v eine Variable

Die Schleife beginnt mit der FOR-Anweisung und endet mit der NEXT-Anweisung. Zwischen den Anweisungen FOR und NEXT sind die Anweisungen anzuordnen, die in der Schleife mehrfach durchlaufen werden sollen.
Die Variable v ist eine sog. *Laufvariable.* **Sie durchläuft von einem Anfangswert bis zu einem Endwert alle Werte mit einer vorgegebenen Schrittweite.**
Der *Anfangswert* **(untere Grenze des Laufbereiches) wird durch den arithmetischen Ausdruck a_1 festgelegt,**
der *Endwert* **(obere Grenze des Laufbereiches) durch den arithmetischen Ausdruck a_2 und**
die *Schrittweite* **durch den arithmetischen Ausdruck a_3.**
Zur Kennzeichnung des Schleifenzusammenhanges muß die Variable v hinter FOR und NEXT stets die gleiche sein.

Der Schleifendurchlauf wird abgebrochen, wenn der Endwert von der Laufvariablen überschritten wird. Das Programm wird dann mit der nächsten Anweisung, die der Schleife folgt, fortgesetzt.
Die vorteilhafte Schreibweise, die die Schleifenanweisung gegenüber einer Konstruktion aus Sprung- und Wennanweisungen bietet, kommt in den folgenden Beispielen zum Ausdruck.

Beispiel:

Es soll die Summe der ganzen geradzahligen Zahlen von 1 bis 20 gebildet werden.

Programmablaufplan:

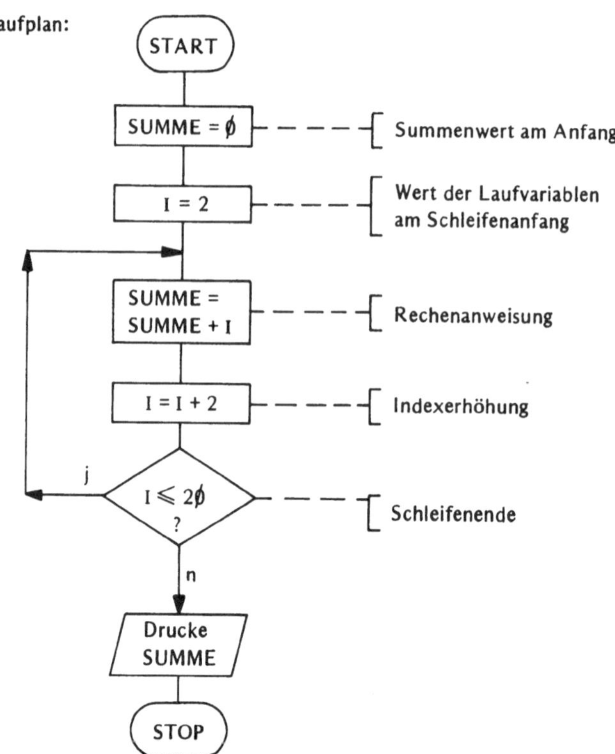

Erklärung:

Zunächst müssen die Anfangswerte gesetzt werden. So wird zunächst der Inhalt der Speicherzelle, in der die Summen nach jedem Schleifendurchlauf abgespeichert werden, Null gesetzt, damit Werte, die vorher möglicherweise in der Speicherzelle standen, das Ergebnis nicht verfälschen können (SUMME = $\emptyset$).

Außerdem wird der Anfangswert der Laufvariablen I auf den ersten ganzzahligen Wert, der zur Summe beiträgt, festgelegt (I = 2).

Es erfolgt anschließend die erste Rechnung: SUMME = $\emptyset$ + 2. Darauf folgt die erste Indexerhöhung, die sich aus I = I + 2 mit den vorgegebenen Werten zu I = 2 + 2 = 4 ergibt. Durch eine Abfrage, ob I $\leqslant$ 2$\emptyset$ ist, wird der Index I überprüft. Ist der Wahrheitswert wahr, wird die zweite Rechnung SUMME = 2 + 4 ausgeführt usw.. Die Schleife wird solange durchlaufen, bis I > 20 wird. Dann wurden alle ganzen geradzahligen Zahlen einschließlich 20 aufaddiert und die Summe kann gedruckt werden.

Anhand des vorangegangenen Programmablaufplanes sollen die verschiedenen Programmierungsmöglichkeiten einer Programmschleife gezeigt werden:

- Programmschleife mit berechneter Sprunganweisung

```
 5 LET S = ∅
1∅ LET I = 2
15 LET S = S + I
2∅ LET I = I + 2
25 ON I GOTO 5,5,5,15,5,15,5,15,5,15,5,15,5,15,5,15,5,15,5,3∅
3∅
```

Das Programm hält sich streng an den Programmablaufplan. Der Variablenname der Summe ist S,
der des Schleifenzählers I. Die berechnete Sprunganweisung, die hier zur Beendung der Schleifendurchläufe eingesetzt wurde, fällt durch ihre Länge auf. Der maximale Wert des Schleifenzählers mit
dem Variablennamen I bestimmt die Anzahl der notwendigen Anweisungsnummern und damit die
Länge der berechneten Sprunganweisung. In der Liste der Anweisungsnummern dient

— die Anweisungsnummer 5 zur Auffüllung auf die notwendige Anzahl von Anweisungsnummern.
  Hier hätte auch jede andere Anweisungsnummer gewählt werden können, da sie vom Programm
  her nie angesprungen wird,
— Die Anweisungsnummer 15 dient zur Realisierung des Rücksprungs (neuer Schleifendurchlauf).
— Die Anweisungsnummer 3Ø dient zur Beendigung des Schleifendurchlaufes.

Dieses Beispiel zeigt deutlich, daß die berechnete Sprunganweisung zumindest für viele Schleifendurchläufe recht lang wird, d. h. sie ist wenig geeignet, um Programmschleifen zu formulieren.

● Programmschleife mit Programmverzweigungsanweisung

```
 5 LET S = Ø
1Ø LET I = 2
15 LET S = S + I
2Ø LET I = I + 2
25 IF I < = 2ØTHEN 15
3Ø ...
    .
    .
```

Dieses Beispiel macht deutlich, daß die Programmverzweigungsanweisung durch ihre Kürze wesentlich besser geeignet ist, den Schleifendurchlauf zu beenden, als die berechnete Sprunganweisung.
Vorteilhaft ist weiterhin, daß sich das Programm von der Formulierung im Programmablaufplan
nicht unterscheidet.

● Programmschleife mit Schleifenanweisung

```
 5 LET S = Ø
1Ø FOR I = 2 TO 2Ø STEP 2
15 LET S = S + I
2Ø NEXT I
25 ...
    .
    .
```

Die Programmschleife mit Schleifenanweisung zeigt, daß zur Bildung der Schleife eine Anweisung
weniger benötigt wird als in den vorangegangenen Beispielen. Dies spart Programmierzeit,
Speicherplatz und dgl. und ist somit die eleganteste Form, in BASIC Programmschleifen zu
formulieren.

Bei der Verwendung der Schleifenanweisung sind folgende Regeln zu beachten:

● **Die Anzahl der BASIC-Anweisungen zwischen FOR- und NEXT-Anweisung ist
  unbegrenzt.**

● **Wenn der Wert des arithmetischen Ausdrucks a_3 positiv ist, muß der Wert von a_2
  größer als der von a_1 sein. Ist dies nicht der Fall, wird die Schleife nicht durchlaufen
  und das Programm fährt mit der auf NEXT folgenden Anweisung fort.
  Wenn der Wert des arithmetischen Ausdrucks a_3 negativ ist, muß hingegen der Wert
  von a_1 größer als der von a_2 sein.**

- Der arithmetische Ausdruck a_3, der die Schrittweite angibt, kann entfallen, wenn $a_3 = 1$ ist. Dies vereinfacht die Formulierung der Programmschleife.
- Der Wert der Laufvariablen v, sowie die Werte der arithmetischen Ausdrücke a_1, a_2 und a_3 dürfen nicht durch Anweisungen innerhalb des Laufbereiches verändert werden.

  Innerhalb einer Schleife ist es z.B. verboten, die Laufvariable v durch eine Anweisung wie z.B. V = V + 1 zu verändern.
- Aus dem Schleifenbereich darf zwar herausgesprungen werden, aber nicht hinein.

  Die Laufvariable hat außerhalb der Schleifenanweisung den Wert, den sie unmittelbar vor Ausführung der Sprunganweisung hatte. Dieser Wert ist dann außerhalb der Schleife verfügbar.
- Es können mehrere Schleifenanweisungen geschachtelt werden. Die innere Schleife muß dabei vollständig in der äußeren Schleife liegen. Die maximale Anzahl der ineinander geschachtelten Schleifen ist abhängig von der jeweiligen DVA und ist aus den Herstellerhandbüchern zu entnehmen.

Beispiel einer Schleifenschachtelung:

```
1Ø  FOR I  = 1 TO 2ØØ STEP 2
       .
       .
       .
5Ø  FOR N = 1 TO 1Ø                   innerer        äußerer
       .                              Schleifen-     Schleifen-
       .                              bereich        bereich
1ØØ  NEXT N
11Ø  NEXT I
```

Folgende Schleifenschachtelung wäre wegen der Überschneidungen der Laufbereiche nicht erlaubt:

```
1Ø  FOR I  = 1 TO 2ØØ STEP 2
       .
       .
       .                                             Schleifenbereich
5Ø  FOR N = 1 TO 1Ø                                  der Laufvariablen I
       .
       .                    Schleifenbereich
1ØØ NEXT I                  der Laufvariablen N
11Ø NEXT N
```

9.5. Programmbeendungsanweisungen

Der *Anfang* eines BASIC-Programms wird durch keine besondere Anweisung gekennzeichnet.

Das *Ende* eines BASIC-Programms muß jedoch immer angegeben werden. Die Programmbeendungsanweisungen dienen zur Abgrenzung der „BASIC-Sätze" und sind als „Satzzeichen" des Programms anzusehen.

9.5.1. Die END-Anweisung

Jedes BASIC-Programm muß mit einer END-Anweisung abgeschlossen werden. Sie muß die höchste vergebbare Anweisungsnummer besitzen.

Die END-Anweisung hat die Form

   n END

Die END-Anweisung bewirkt, daß der Programmlauf abgebrochen wird.

9.5.2. Die STOP-Anweisung

Die STOP-Anweisung bewirkt einen Sprung zum Programmende. Sie hat die Form

   n STOP

Vielverzweigte Programme weisen häufig mehrere logische Enden auf. Der Sprung zum Programmende kann durch die STOP-Anweisung veranlaßt werden. Sie dient somit dem gleichen Zweck wie eine unbedingte Sprunganweisung (GOTO) zur Anweisung mit der höchsten im Programm vergebbaren Anweisungsnummer (END-Anweisung).

Beispiel:

Folgende Programmteile sind einander vergleichbar:

1∅ IF A $>$ 5 THEN 3∅	1∅ IF A $>$ 5 THEN 3∅
2∅ STOP	2∅ GOTO 5∅
3∅ IF Y = B + C THEN 5∅	3∅ IF Y = B + C THEN 5∅
4∅ LET Y = ∅	4∅ LET Y = ∅
5∅ END	5∅ END

9.6. Zusammenfassung

Steueranweisungen, die den linearen Programmablauf ändern, sind:

- Sprunganweisungen
- Programmverzweigungsanweisungen
- Schleifenanweisungen
- Programmbeendungsanweisungen
- Die *unbedingte Sprunganweisung* hat die Form:

   n_1 GOTO n_2

Sie bewirkt, daß das Programm mit der Anweisung, die als Sprungziel in Form einer Anweisungsnummer hinter dem Sprungbefehl steht, fortgesetzt wird.

Mit Hilfe der unbedingten Sprunganweisung kann ein Programmteil übersprungen werden.

Mit Hilfe eines Rücksprunges kann eine Programmschleife gebildet werden.

- Die *berechnete Sprunganweisung* (Verteiler) hat die Form:

$$\boxed{n \text{ ON a GOTO } n_1, n_2, \ldots, n_i}$$

Sie bewirkt, daß in Abhängigkeit vom Wert i des arithmetischen Ausdrucks a zu der Anweisung mit der Anweisungsnummer n_i gesprungen wird.

Wenn die Berechnung des arithmetischen Ausdrucks keine ganze Zahl, sondern eine Dezimalzahl ergibt, wird nur der ganzzahlige Teil gemäß der Standardfunktion INT (X) berücksichtigt.

Ist das Ergebnis des arithmetischen Ausdrucks negativ, null oder größer als die Anzahl der angegebenen Anweisungsnummern, so ist die anzuspringende Anweisung nicht definiert und es wird eine Fehlermeldung ausgegeben.

- Die *Programmverzweigungsanweisung* hat die Form:

$$\boxed{n_1 \text{ IF } a_1 \ \oplus \ a_2 \text{ THEN } n_2}$$

Sie erlaubt eine Programmverzweigung in Abhängigkeit von dem Wahrheitswert des Vergleichsausdruckes $a_1 \ \oplus \ a_2$.

Ist der Wahrheitswert des Vergleichsausdruckes „wahr" (die Bedingung ist erfüllt), dann wird zur Anweisung mit der Anweisungsnummer n_2 verzweigt und daran anschließend wie gewohnt im Programm fortgefahren.

Ist der Wahrheitswert des Vergleichsausdruckes „falsch" (die Bedingung ist nicht erfüllt), dann wird zur nächsten Anweisung, d. h. zur Anweisung mit der nächsthöheren Anweisungsnummer, übergegangen.

BASIC kennt sechs Vergleichsoperatoren für den Vergleichsausdruck:

Mathematisches Symbol	BASIC
$<$	$<$
$\leqslant$	$< =$
$=$	$=$
$\geqslant$	$> =$
$>$	$>$
$\neq$	$< >$

- Die *Schleifenanweisung* bewirkt, daß eine Folge von Anweisungen mehrfach durchlaufen wird.

Sie besteht aus folgendem Anweisungspaar:

$$\boxed{\begin{array}{l} n_1 \text{ FOR } v = a_1 \text{ TO } a_2 \text{ STEP } a_3 \\ \quad \vdots \\ n_2 \text{ NEXT } v \end{array}}$$

Die Schleife beginnt mit der FOR-Anweisung und endet mit der NEXT-Anweisung.

Zwischen den Anweisungen FOR und NEXT sind die Anweisungen anzuordnen, die in der Schleife mehrfach durchlaufen werden sollen.

— Die Laufvariable v der Schleife durchläuft von einem Anfangswert bis zu einem Endwert alle Werte mit einer vorgegebenen Schrittweite.

Der Anfangswert (untere Grenze des Laufbereiches) wird durch den arithmetischen Ausdruck a_1 festgelegt, der Endwert (obere Grenze des Laufbereiches) durch den arithmetischen Ausdruck a_2 und die Schrittweite durch den arithmetischen Ausdruck a_3.

— Zur Kennzeichnung des Schleifenzusammenhanges muß die Variable v hinter FOR und NEXT stets die gleiche sein.

— Die Anzahl der BASIC-Anweisungen zwischen FOR und NEXT ist unbegrenzt.

— Der arithmetische Ausdruck a_3, der die Schrittweite angibt, kann entfallen, wenn $a_3 = 1$ ist. Dies vereinfacht die Formulierung der Programmschleife für diesen häufig vorkommenden Fall.

— Der Wert der Laufvariablen v, sowie die Werte der arithmetischen Ausdrücke a_1, a_2 und a_3 dürfen nicht durch Anweisungen innerhalb des Laufbereiches verändert werden.

— Aus dem Schleifenbereich darf zwar herausgesprungen werden, aber nicht hinein.

Die Laufvariable hat außerhalb der Schleifenanweisung den Wert, den sie unmittelbar vor Ausführung der Sprunganweisung hatte. Dieser Wert ist dann außerhalb der Schleife verfügbar.

— Es können mehrere Schleifenanweisungen geschachtelt werden. Die innere Schleife muß dabei vollständig in der äußeren Schleife liegen. Die maximale Anzahl der ineinandergeschachtelten Schleifen ist abhängig von der jeweiligen DVA.

● Jedes BASIC-Programm muß mit einer *END-Anweisung* abgeschlossen werden. Sie muß die höchste vergebbare Anweisungsnummer besitzen.

Die Endanweisung hat die Form:

n END

Die *Stopanweisung* bewirkt einen Sprung zum Programmende. Sie hat die Form:

n STOP

9.7. Übungsaufgaben

Die Lösungen der Übungsaufgaben befinden sich in Kap. 14.

Aufgabe 9.1

Was bewirken die folgenden Steueranweisungen?

Nr.	Steueranweisung	Erläuterung
1	25 GOTO 5	
2	5∅ ON I GOTO 5,1∅, 15,2∅	
3	3∅ IF C $>$ 1∅ THEN 15	
4	25 FOR I = 1TO12∅ STEP 4 . . . 5∅ NEXT I	
5	25 FOR I = 1 TO 12∅ . . . 5∅ NEXT I	

Aufgabe 9.2

Man schreibe die Programmverzweigungsanweisungen, die folgendes bewirken:

Nr.	Aufgabe	Programmverzweigungs-anweisung
1	Falls x $\leqslant$ 50, springe zur Anweisungsnummer 10.	
2	Falls a = b, springe zur Anweisungsnummer 35.	
3	Falls e = f + g, springe zur Anweisungsnummer 22.	
4	Falls 7z − 15 $>$ x, springe zur Anweisungsnummer 17.	
5	Falls a1 + a2 + a3 $\neq$ a1 · a2, springe zur Anweisungsnummer 200.	

Die Anweisungsnummer der Programmverzweigungsanweisung selbst sei frei wählbar.

Aufgabe 9.3

Sind folgende Steueranweisungen zulässig?

Nr.	Steueranweisung	Ja	Nein
1	2∅ GOTO n	0	0
2	3∅ ON Z ** 2 GOTO 3,4,5,6	0	0
3	4∅ IF A1 $\leqslant$ A2 THEN 7∅	0	0
4	5∅ FOR I + 1 TO I + 1∅ . . . 1∅∅ NEXT I	0	0
5	6∅ IF 2 * X $<>$ ∅ GOTO 7∅	0	0

Aufgabe 9.4

Schreiben Sie mit Hilfe der Steueranweisungen den entsprechenden Programmabschnitt
für folgende Aufgaben:

Nr.	Aufgabe	Programmabschnitt
1	Wenn die Differenz von X und Y kleiner als Null ist, soll Z von der Differenz subtrahiert werden. Dies soll die neue Differenz sein. Falls X − Y größer oder gleich Null ist, soll Z zur Differenz addiert werden. Das Ergebnis soll in diesem Fall die neue Differenz sein.	
2	Wenn das Produkt von A und B ungleich Null ist, soll das Produkt durch C geteilt werden. Andernfalls soll zu dem Produkt D addiert werden.	

Aufgabe 9.5

Es sollen die Quadratzahlen der ganzen Zahlen von 1 bis 100 errechnet und addiert werden.
Zeichnen Sie einen Programmablaufplan und schreiben Sie die BASIC-Programmschleife
mit Hilfe einer Programmverzweigungsanweisung und mit Hilfe einer Schleifenanweisung.

Aufgabe 9.6

Zu welcher Anweisungsnummer verzweigt ein Programm, das folgende berechnete Sprunganweisung enthält:

$3\emptyset$ ON A − B GOTO $5\emptyset$, $6\emptyset$, $7\emptyset$, $8\emptyset$

A möge den Wert 8,5 und B den Wert 4,4 einnehmen!

10. Eingabeanweisungen

Programme müssen mit den erforderlichen Daten versorgt werden. Dazu dienen Eingabeanweisungen.

Eingabeanweisungen dienen dazu, Programme mit den erforderlichen Daten zu versorgen.

Im folgenden sollen drei Möglichkeiten erläutert werden, BASIC-Programme mit Daten
zu versorgen:

- Wertzuweisung mit Hilfe der LET-Anweisung
- Eingabe mit Hilfe der READ-DATA-Anweisung
- Eingabe mit Hilfe der INPUT-Anweisung

10.1. Wertzuweisung mit Hilfe der LET-Anweisung

Es ist schon mit den bisherigen Kenntnissen möglich, BASIC-Programme mit den erforderlichen Daten zu versorgen. Dazu legt man die Eingabedaten am Anfang eines jeden Programmes mit Hilfe von arithmetischen Zuordnungsanweisungen (LET-Anweisungen), fest (vgl. 8.5).

Beispiel:

Es soll ein BASIC-Programm zur Berechnung der Gleichung $x = a + b \cdot c$ aufgestellt werden. Die Eingabedaten seien:

$a = 5$; $b = 7{,}2$; $c = 0{,}5$.

Erfolgt die Wertzuweisung über LET-Anweisungen, so ergibt sich folgendes Programm:

```
1Ø LET A = 5
2Ø LET B = 7.2
3Ø LET C = Ø.5
4Ø LET X = A + B * C
```

Die ersten drei LET-Anweisungen weisen den Variablen der vierten LET-Anweisung die erforderlichen Werte zu.

Dieses Beispiel zeigt, daß für jede Variable, für die ein Wert eingegeben werden soll, eine LET-Anweisung geschrieben werden muß.

Wenn viele Variable mit Eingabewerten versehen werden müssen oder häufig Änderungen der Eingabewerte erfolgen sollen, wird dieses Verfahren sehr umständlich. Aus diesen Gründen wurden für die Programmiersprache BASIC spezielle Eingabeanweisungen geschaffen, die es erleichtern, Programme mit Eingabewerten zu versehen. Sie sorgen dafür, daß die jeweiligen Eingabewerte von dem Eingabegerät (vgl. 1.2 und [1]) zu dem Speicher der Zentraleinheit transportiert werden.

10.2. Eingabe mit Hilfe der READ-DATA-Anweisung

Daten werden mit Hilfe der READ-DATA-Anweisung folgendermaßen eingegeben:

n_1 READ $v_1, v_2, ..., v_x$

$\vdots$

n_2 DATA $K_1, K_2, ..., K_x$

Dabei sind:

n_1, n_2	Anweisungsnummern der beiden Anweisungen (READ, DATA)
READ, DATA	Schlüsselworte der Eingabeanweisung
$v_1, ..., v_x$	Variablenliste mit n Variablen
$K_1, ..., K_x$	Werteliste mit n Konstanten

- Mit Hilfe des Wortsymboles *READ* (deutsch: Lies) wird der DVA mitgeteilt, daß Daten eingelesen werden sollen.

- Die *Variablenliste,* die auf das Schlüsselwort READ folgt, enthält die Variablen, denen Werte zugewiesen werden sollen.

Es können dabei beliebig viele Variablen in beliebiger Reihenfolge aufgelistet werden.
Die einzelnen Variablen werden dabei durch Kommata voneinander getrennt.
Dabei können sowohl einfachen als auch indizierten Variablen Werte zugewiesen
werden.

- Die zuzuweisenden Werte müssen im Programm durch eine besondere Anweisung,
die sog. *DATA*-Anweisung, festgelegt werden.

  Die Werte werden also schon während des *Übersetzungslaufes* des Programms in den
  Speicher der DVA eingelesen und nicht erst unmittelbar vor dem eigentlichen Rechen-
  lauf. Auf das Schlüsselwort DATA (deutsch: Daten) folgt die Werteliste mit den
  Konstanten $K_1, \ldots, K_x$, die den Variablen $v_1, \ldots, v_x$ zugewiesen werden sollen.

Die Werte in der Werteliste der DATA-Anweisung werden dabei so aufgelistet,

— daß der erste Wert der Werteliste der ersten Variablen der Variablenliste,

— der zweite Wert der Werteliste der zweiten Variablen der Variablenliste usw.

zugeordnet wird.

Die Werte müssen durch Kommata getrennt werden.

**Mit Hilfe der READ-DATA-Anweisung können beliebig vielen Variablen Werte zuge-
wiesen werden.**

**Diese Variablen werden, durch Kommata getrennt, in einer „Variablenliste" hinter
dem Schlüsselwort READ aufgelistet.**

Die Reihenfolge der Variablen kann beliebig sein.

**Die Zahlenwerte der Variablen werden, durch Kommata getrennt, in einer „Werteliste"
hinter dem Schlüsselwort DATA aufgelistet und zwar in der Reihenfolge, in der die zugehörigen Variablen in der Variablenliste der READ-Anweisung aufgelistet sind.**

Beispiel einer Eingabeanweisung mit Hilfe von READ – DATA:

Eingabeanweisung	Erläuterung
1Ø READ A, B . . . 5Ø DATA 15, 18 . . .	Der Variablen A wird der Wert 15 und der Variablen B der Wert 18 zugewiesen.

**Die Variablen der Variablenliste müssen nicht in *einer* READ-Anweisung zusammenge-
faßt sein.**

Beispiel:

Eingabeanweisung	Erläuterung
1∅ READ A, B, C 2∅ READ D 3∅ LET X = A + B + C + D . . . 7∅ DATA 3, – ∅.5, 8∅, 12∅ . . .	Nach der Ausführung der beiden READ-Anweisungen haben die Variablen folgende Werte ange- nommen: A = 3 B = – ∅.5 C = 8∅ D = 12∅

Die Daten für die Variablen der Variablenliste müssen nicht in einer DATA-Anweisung zusammengefaßt sein.

Beispiel:

Eingabeanweisung	Erläuterung
1∅ READ A 2∅ READ B 3∅ READ C, D 4∅ LET X = A + B + C + D 5∅ DATA 3 6∅ DATA – ∅.5, 8∅ 7∅ DATA 12∅ . . .	Nach der Ausführung der drei READ- Anweisungen haben die Variablen folgende Werte angenommen: A = 3 B = – ∅.5 C = 8∅ D = 12∅ Diese Eingabeanweisung bewirkt also die gleiche Zuordnung wie die Eingabe- anweisung des vorangegangenen Beispiels.

Diese Beispiele zeigen, daß den in der READ-Anweisung aufgelisteten Variablen der Reihe nach immer der nächste Zahlenwert aus der DATA-Anweisung zugeordnet wird.

Man muß daher darauf achten, daß stets ausreichend Daten vorhanden sind.

Eine READ-Anweisung ohne Daten führt zu einer Fehlermeldung.

Die Fehlermeldung lautet:

    OUT OF DATA IN n

Diese Fehlermeldung weist darauf hin, daß der READ-Anweisung mit der Anweisungs-nummer n keine oder zu wenig Daten in der DATA-Anweisung zugeordnet wurden.

Die DATA-Anweisung kann an jeder beliebigen Stelle des Programms stehen.

Es ist jedoch üblich, alle DATA-Anweisungen am Programmende zusammenzufassen.

An folgendem Beispiel wird deutlich, daß die Wertzuweisung mit Hilfe der READ-DATA-Anweisung gegenüber der Wertzuweisung mit Hilfe von LET-Anweisungen (vgl. 10.1) Vorteile aufweist.

Beispiel:

Es soll ein BASIC-Programm zur Berechnung der Gleichung x = a + b + c + d aufgestellt werden. Die Eingabedaten seien:

a = 3;   b = -0,5;   c = 80   und   d = 120.

Formulieren Sie die Eingabe der Daten

- mit Hilfe von LET-Anweisungen
- mit Hilfe einer READ-DATA-Anweisung

Programm mit LET-Anweisungen	Programm mit READ-DATA-Anweisung
1∅ LET A = 3 2∅ LET B = -∅.5 3∅ LET C = 8∅ 4∅ LET D = 12∅ 5∅ LET X = A + B + C + D . . .	1∅ READ A, B, C, D 2∅ LET X = A + B + C + D 3∅ DATA 3, -∅.5, 8∅, 12∅ . . .

Dieses Beispiel zeigt, daß der Schreibaufwand des Programms mit den LET-Anweisungen größer ist als der mit der READ-DATA-Anweisung. Diese Schreibersparnis macht sich insbesondere dann vorteilhaft bemerkbar, wenn das gleiche Programm mit verschiedenen Datensätzen ablaufen soll oder sehr viel mehr Daten eingegeben werden müssen.

10.3. Eingabe mit Hilfe der INPUT-Anweisung

Mit der INPUT-Anweisung erreicht man ein noch größeres Maß an Flexibilität bei der Eingabe als mit der READ-DATA-Anweisung, da die Daten mit Hilfe der INPUT-Anweisung erst *während des Programmlaufes* (Rechenlaufs) eingegeben werden müssen. Man hat somit die Möglichkeit, Eingabedaten nötigenfalls abhängig von vorangegangenen Rechenergebnissen einzulesen. Die INPUT-Anweisung ist daher besonders gut geeignet, wenn der Benutzer mit der DVA in einen *Dialog* treten will. Dazu ein Anwendungsbeispiel:

In *Lehrprogrammen* stellt die DVA Fragen und verlangt vom Lernenden Antworten (z.B. richtig, falsch, weiß ich nicht, usw.). Die Antworten sind Eingabedaten, die erst während des Programmlaufs eingegeben werden können. Dies wäre jedoch mit einer READ-DATA-Eingabe nicht möglich, da hier verlangt wird, daß die Eingabedaten schon im Programm durch eine DATA-Anweisung eindeutig festgelegt werden. Für die *Dialogsprache BASIC* wurde daher eine besondere Eingabeanweisung geschaffen, die es ermöglicht, daß Daten auch während des Programmlaufs eingegeben werden können. Dies ist die sog. INPUT-Anweisung.

Die INPUT-Eingabeanweisung hat folgende allgemeine Form:

n INPUT $v_1, v_2, \ldots, v_x$

Dabei ist

n   die Anweisungsnummer der INPUT-Anweisung
INPUT   das Schlüsselwort der Anweisung
$v_1, \ldots, v_x$ eine Variablenliste mit n Variablen

- Das Wortsymbol *INPUT* (deutsch: Eingabe) bewirkt, daß der DVA mitgeteilt wird,
  daß Daten *während* des Programmlaufes eingegeben werden sollen.

- Die *Variablenliste,* die auf das Schlüsselwort INPUT folgt, enthält die Variablen,
  denen Werte während des Programmlaufes zugewiesen werden sollen.

  Es können dabei beliebig viele Variablen in beliebiger Reihenfolge aufgelistet werden.

  Die einzelnen Variablen werden dabei durch Kommata voneinander getrennt.

- Die benötigten Daten werden nicht aus dem Speicher der DVA entnommen, sondern
  nach Bearbeitung der INPUT-Anweisung direkt vom Benutzer angefordert.

  Die Anforderung an den Benutzer, Daten einzugeben, wird an der Benutzerstation meist
  durch Ausgabe eines *Fragezeichens* gekennzeichnet.

- Nach Ausgabe des Fragezeichens müssen soviel *Zahlenwerte* eingegeben werden, wie
  Variablen in der Variablenliste der INPUT-Anweisung stehen.

  Die Werte werden dabei so aufgelistet, daß

  – der erste eingegebene Wert der ersten Variablen der Variablenliste,

  – der zweite eingegebene Wert der zweiten Variablen der Variablenliste usw.

  zugeordnet wird.

  Die Eingabewerte müssen dabei durch Kommata getrennt werden.

- Werden zu wenig oder zu viel Variablen eingegeben, so wird der Benutzer durch
  besondere Meldungen darauf aufmerksam gemacht.

**Mit Hilfe der INPUT-Anweisung können Daten während des Programmlaufes eingegeben
werden.**

**Die Variablen, für die Werte eingegeben werden sollen, werden in einer Variablenliste
hinter dem Schlüsselwort INPUT aufgelistet.**

Sie werden durch Kommata voneinander getrennt.

In der Variablenliste können auch indizierte Variablen (Felder) stehen.

Die Reihenfolge der Variablen kann beliebig sein.

**Bei der Ausführung der INPUT-Anweisung wird ein Fragezeichen auf der Benutzerstation
ausgegeben.**

**Das Programm erwartet daraufhin die Eingabe der Zahlenwerte für die Variablen der
Variablenliste der INPUT-Anweisung.**

**Die Zahlenwerte für die einzelnen Variablen werden durch Kommata voneinander ge-
trennt.**

Beispiel einer INPUT-Eingabeanweisung:

INPUT-Anweisung	Erläuterung
. . . 4$\emptyset$ INPUT A, B 5$\emptyset$ LET X = A + B . . 8$\emptyset$ END ? 4.97, $\emptyset$.5	Während des Rechenlaufes eines Programms möge die DVA auf die INPUT-Anweisung (4$\emptyset$ INPUT A, B) stoßen. Sie wird gelesen und als Eingabeanweisung interpretiert. Bei der Ausführung der INPUT-Anweisung wird von der DVA auf dem Fernschreiber ein Fragezeichen ausgedruckt. Das Programm erwartet nun die Eingabe von zwei Zahlenwerten für die Eingabevariablen A und B. Der Benutzer gibt über die Tastatur des Fernschreibers zunächst für die Variable A einen Wert ein, z. B. 4,97, trennt diesen Wert gegenüber den folgenden durch ein Komma und gibt anschließend für die Variable B den Wert −0,5 ein. Nach Abschluß der Eingabe (Drücken der RETURN-Taste o. ä.) wird zur nächsten Anweisung des Programms (5$\emptyset$ LET X = A + B) übergegangen.

10.4. Zusammenfassung

Eingabeanweisungen dienen dazu, Programme mit den erforderlichen Daten zu versorgen.

● Eingabe mit Hilfe der READ-DATA-Anweisung

Daten werden mit Hilfe der READ-DATA-Anweisungen folgendermaßen eingegeben:

```
n₁ READ v₁, v₂,…, vₓ
.
.
.
n₂ DATA K₁, K₂,…, Kₓ
```

Mit Hilfe der READ-DATA-Anweisung können beliebig vielen Variablen Werte zugewiesen werden.

Diese Variablen werden, durch Kommata getrennt, in einer „Variablenliste" hinter dem Schlüsselwort READ aufgelistet.

Die Reihenfolge der Variablen kann beliebig sein.

In der Variablenliste können auch indizierte Variablen (Felder) stehen.

Die Zahlenwerte der Variablen werden, durch Kommata getrennt, in einer „Werteliste" hinter dem Schlüsselwort DATA aufgelistet und zwar in der Reihenfolge, in der die zugehörigen Variablen in der Variablenliste der READ-Anweisung aufgelistet sind.

Die Variablen der Variablenliste müssen nicht in *einer* READ-Anweisung zusammengefaßt sein.

Die Daten für die Variablen der Variablenliste müssen nicht in *einer* DATA-Anweisung zusammengefaßt sein.

Die DATA-Anweisungen werden üblicherweise am Programmende zusammengefaßt.

● Eingabe mit Hilfe der INPUT-Anweisung

Die INPUT-Anweisung hat folgende allgemeine Form:

> n INPUT $v_1, v_2, \ldots, v_x$

Mit Hilfe der INPUT-Anweisung können Daten während des Programmlaufes
eingegeben werden.

Die Variablen, für die Werte eingegeben werden sollen, werden in einer
„Variablenliste" hinter dem Schlüsselwort INPUT, durch Kommata getrennt,
aufgelistet.

In der Variablenliste können auch indizierte Variablen (Felder) stehen.

Die Reihenfolge der Variablen kann beliebig sein.

Bei der Ausführung der INPUT-Anweisung wird ein Fragezeichen auf der
Benutzerstation ausgegeben.

Das Programm erwartet daraufhin die Eingabe der Zahlenwerte für die
Variablen der Variablenliste der INPUT-Anweisung.

Die Zahlenwerte für die einzelnen Variablen werden durch Kommata voneinander getrennt.

10.5. Übungsaufgaben

Die Lösungen der Übungsaufgaben befinden sich in Kap. 14.

Aufgabe 10.1

Schreiben Sie ein Programm zur Berechnung der Gleichung

$$y = ax^2 + bx + c$$

für a = 5; b = $-$3,5; c = 0,6   und x = 3

Die Eingabe der Werte soll erfolgen

1. mit Hilfe von LET-Anweisungen
2. mit Hilfe einer READ-DATA-Anweisung
3. mit Hilfe einer INPUT-Anweisung.

Aufgabe 10.2

Sind folgende Eingabeanweisungen richtig aufgebaut?

Nr.	BASIC-Eingabeanweisung	Ja	Nein
1	1∅ INPUT A1, A2, A3	0	0
2	2∅ READ C, P3, A5	0	0
3	3∅ INPUT AB	0	0
4	4∅ INPUT A (B), C (I + 2)	0	0
5	5∅ READ X, Y 6∅ READ Z . . . 1∅∅ DATA 1∅ 11∅ DATA ∅.8, –∅.2	0	0
6	6∅ READ R, S, T, U . . . 7∅ DATA 5, 16, 18	0	0

11. Ausgabeanweisung

Nach der Datenverarbeitung muß die Möglichkeit bestehen, die gewünschten Ergebnisse auf einfache Weise vom Programm her in geeigneter Form auszugeben. Dazu dient in BASIC die Ausgabeanweisung PRINT.

Ausgabeanweisungen dienen dazu, Daten programmgesteuert auszugeben.

11.1. Die allgemeine Form der PRINT-Anweisung

Daten werden mit Hilfe der PRINT-Anweisung folgendermaßen ausgegeben:

   n PRINT $a_1, a_2, \ldots, a_x$

Dabei ist:

n   die Anweisungsnummer der PRINT-Anweisung
PRINT   das Schlüsselwort der Ausgabeanweisung
a_1 bis a_x eine Liste von n arithmetischen Ausdrücken

- Mit Hilfe des Wortsymbols *PRINT* (deutsch: Drucke) wird der DVA mitgeteilt, daß Daten ausgegeben werden sollen.

● Die *Liste der arithmetischen Ausdrücke,* die auf das Schlüsselwort PRINT folgt, enthält die arithmetischen Ausdrücke, deren Werte ausgegeben werden sollen. Arithmetische Ausdrücke sind dabei bekanntlich:

- Konstanten (vgl. 6.2)
- Variablen (vgl. 6.3)
- Indizierte Variablen (vgl. 6.3.2)
- Arithmetische Ausdrücke (vgl. 8.1)

● Es können beliebig viele arithmetische Ausdrücke in beliebiger Reihenfolge aufgelistet werden.

Die einzelnen arithmetischen Ausdrücke werden dabei durch *Listentrennzeichen* voneinander getrennt. Unter Listentrennzeichen versteht man Kommas bzw. Semikolons. Hier soll zunächst nur das Komma als Listentrennzeichen betrachtet werden.

Mit Hilfe des Schlüsselwortes PRINT wird der DVA mitgeteilt, daß Daten ausgegeben werden sollen.

Die arithmetischen Ausdrücke $a_1, \ldots, a_x$, deren Werte ausgegeben werden sollen, werden in einer Liste hinter dem Schlüsselwort PRINT aufgelistet.

Die Liste kann eine beliebige Anzahl von arithmetischen Ausdrücken enthalten.

Ihre Reihenfolge ist beliebig.

Sie werden durch Listentrennzeichen (Kommas, Semikolons) voneinander getrennt.

Beispiele für Ausgabeanweisungen:

PRINT-Anweisung	Erläuterung
5∅ PRINT F	Es wird der augenblickliche Zahlenwert der Variablen F auf dem Ausgabegerät ausgegeben.
6∅ PRINT A, B, C1, D	Es werden die augenblicklichen Zahlenwerte der Variablen A, B, C1 und D in der angegebenen Reihenfolge ausgegeben.
7∅ PRINT 8, 1∅∅∅ * (1 + ∅.6)	Es wird der Zahlenwert der Konstanten 8 sowie das Ergebnis des arithmetischen Ausdrucks 1∅∅∅ * (1 + ∅.6) ausgegeben.
8∅ PRINT A * * 2, B * * 2	Es werden die Ergebnisse der arithmetischen Ausdrücke A * *2 und B * * 2 ausgegeben.
9∅ PRINT N, SQR (N)	Es wird der Zahlenwert der Variablen N, sowie anschließend der Zahlenwert der Standardfunktion SQR für das Argument N, ausgegeben.

11.2. Ausgabe von Daten

Bislang wurde nur allgemein davon gesprochen, daß Daten mit Hilfe der PRINT-Anweisung ausgegeben werden können. Es wurde jedoch nicht erwähnt, wie die Daten auf dem Ausgabegerät angeordnet werden.

Die Anordnung der Daten ist sehr wesentlich, denn die Ergebnisausdrucke sollen für jedermann ohne Kenntnis des Programms verständlich und übersichtlich dargeboten werden.

Die Ausgabeanweisung muß daher die Möglichkeit bieten, Daten übersichtlich auf dem Ausgabeausdruck zu gliedern, oder wie man auch sagt, zu *formatieren*.

Dies wäre gewährleistet, wenn die Druckzeilen und -spalten für die jeweiligen Ergebnisse weitgehend vom Programm her frei wählbar sind.

Die Regeln, die dabei im einzelnen zu beachten sind, werden im folgenden näher ausgeführt.

11.2.1. Das Spaltenformat

Das Standard-Spaltenformat

Um die Programmierarbeit bei der Formatierung der Ausgabe zu vereinfachen, sieht die Programmiersprache BASIC ein Standard-Spaltenformat vor.

Dieses Standard-Spaltenformat wird automatisch gewählt, wenn die PRINT-Anweisung in der bekannten Form (vgl. 11.1) angegeben wird.

Die Trennung der Liste der arithmetischen Ausdrücke durch Kommas bewirkt, daß die Ausgabezeile in fünf Felder zu je fünfzehn Druckstellen unterteilt wird (vgl. Abb. 11.1).

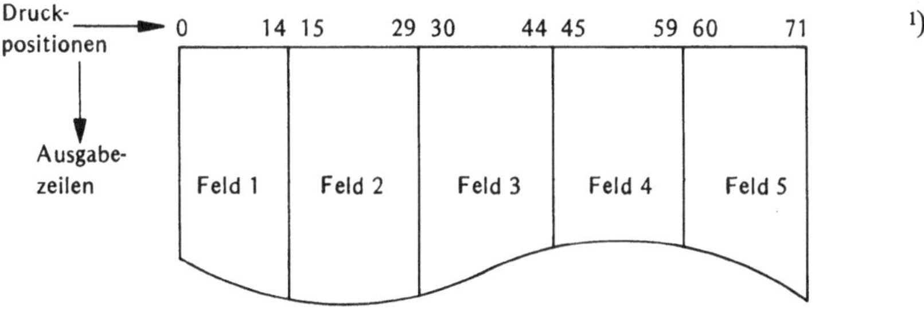

Bild 11.1. Einteilung der Ausgabezeilen in Felder

Für jeden arithmetischen Ausdruck, dessen Wert ausgegeben werden soll, ist ein Feld vorgesehen.

Die einzelnen Ausgabewerte werden der Reihe nach linksbündig in die jeweiligen Felder gedruckt, d.h. sie beginnen am linken Rand des Feldes.

- Wenn nur ein Wert ausgegeben werden soll, so kommt er in Feld 1 und beginnt mit der Druckposition 0.

- Wenn mehr als ein Wert gedruckt werden soll, so kommt der zweite Wert in Feld 2, das bei der Druckposition 15 beginnt.

  Der dritte Wert folgt in Feld 3, das mit der Druckposition 30 beginnt usw. .

---

[1]) Eine Zeile eines Fernschreiberprotokolls weist 72 Druckpositionen auf. Sie werden i.a. mit Null beginnend durchnumeriert.

Beispiel für die Ausgabe von Variablenwerten:

Den Variablen A, B und C wurden in einer Rechnung folgende Werte zugewiesen:
A = 1ØØ; B = 2ØØØ; C = 11222;

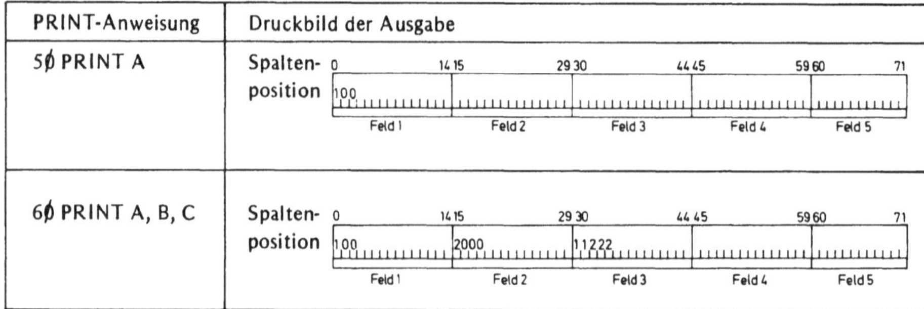

Wenn mehr als fünf Werte ausgegeben werden sollen, wird automatisch zu einer neuen Zeile übergegangen.

Dies bedeutet:

Die ersten fünf Ausgabewerte erhalten der Reihe nach je ein Feld in der ersten Ausgabezeile. Der sechste Wert wird im ersten Feld der zweiten Ausgabezeile ausgedruckt. Weitere Werte nehmen die nächsten Felder dieser Zeile ein. Daraufhin wird zur nächsten Ausgabezeile übergegangen usw. .

Beispiel für die Ausgabe von Variablenwerten:

Den Variablen A, B, C, D, E, F, G, H, I wurden in einer Rechnung die ganzen positiven Zahlen von 1 bis 9 zugewiesen.

Falls ein zu druckender Wert mehr als 15 Druckstellen benötigt, werden dazwischenliegende Feldgrenzen nicht berücksichtigt.

Das variable Spaltenformat

Für kleine Zahlenwerte (z. B. einstellige Zahlenwerte wie im obigen Beispiel) sind die Felder mit 15 Druckstellen recht groß bemessen. Wenn Felder mit weniger Druckstellen möglich wären, könnten mehr Zahlenwerte auf einer Druckzeile untergebracht werden.

Die Programmiersprache BASIC bietet daher auch die Möglichkeit, Zahlen in Abhängigkeit von der Anzahl der auszugebenden Ziffern in Felder variabler Größe zu drucken.

Trennt man die arithmetischen Ausdrücke in der Liste der arithmetischen Ausdrücke nach dem Schlüsselwort PRINT nicht mit Hilfe eines Kommas, sondern mit einem Semikolon (;), so weiß die DVA, daß das variable Spaltenformat verlangt wird.

Trennt man die arithmetischen Ausdrücke in der Liste der arithmetischen Ausdrücke jeweils durch ein *Semikolon,* so werden die Werte in einem variablen Spaltenformat ausgedruckt.

Die Aufteilung der Druckzeile in Felder hängt von der benutzten DVA ab.

Eine häufig benutzte Formatierung ist folgender Tabelle zu entnehmen:

Anzahl der Ziffern in der Zahl	Anzahl der Druckstellen je Feld	Anzahl der Felder[1]
1	3 [2]	24
2 oder 3 oder 4	6	12
5 oder 6 oder 7	9	8
8 oder 9 oder 10	12	6
11 oder größer	15	5

Für jeden arithmetischen Ausdruck, dessen Wert ausgegeben werden soll, ist ein Feld vorgesehen, dessen *Feldlänge* von der Anzahl der auszugebenden Ziffern abhängt.

Die einzelnen Ausgabewerte werden der Reihe nach linksbündig in die jeweiligen Felder gedruckt.

Beispiel für die Ausgabe von Variablenwerten im variablen Spaltenformat:

1. Den Variablen A, B, C, D, E, F, G, H, I wurden in einer Rechnung die ganzen positiven Zahlen von 1 bis 9 zugewiesen.

   Sie sollen im variablen Spaltenformat ausgegeben werden.

PRINT-Anweisung	Druckbild der Ausgabe
7∅ PRINT A; B; C; D; E; F; G; H; I	Druckposition: 0 3 6 9 12 15 18 21 24 … 71 Ausdruck: 1 2 3 4 5 6 7 8 9

2. Den Variablen A, B und C wurden in einer Rechnung die Zahlen 20, 25 und 30 zugewiesen. Sie sollen im variablen Spaltenformat ausgegeben werden.

PRINT-Anweisung	Druckbild der Ausgabe
8∅ PRINT A; B; C	Druckposition: 0 6 12 18 … 71 Ausdruck: 20 25 30

3. Den Variablen A, B und C wurden in einer Rechnung die Zahlen 100 000, 200 000 und 300 000 zugewiesen. Sie sollen im variablen Spaltenformat ausgegeben werden.

PRINT-Anweisung	Druckbild der Ausgabe
9∅ PRINT A; B; C	Druckposition: 0 9 18 27 … 71 Ausdruck: 100000 200000 300000

Wenn mehr Werte ausgegeben werden sollen, als Felder in einer Zeile vorhanden sind, wird automatisch zu einer neuen Zeile übergegangen.

---

[1] Eine Druckzeile eines Fernschreibformulars besitzt 72 Druckstellen.

[2] Häufig wird auch für eine Ziffer ein Feld mit 6 Druckstellen reserviert.

Das Tabellenformat

Häufig steht der Programmierer vor dem Problem, errechnete Werte in Tabellenform ausgeben zu müssen.

Die Benutzung des Standard-Spaltenformates bietet dazu die einfachste Möglichkeit. Die Werte dürfen dabei maximal 12 Druckstellen aufweisen. Als Nachteil ist zu werten, daß die Tabelle höchstens 5 nebeneinanderliegende Tabellenfelder aufweisen kann. Dies entspricht den 5 Feldern des Standard-Spaltenformats.

Vielfach möchte man mehr als 5 Tabellenfelder nebeneinander anordnen. Dies wäre z. B. bei der tabellarischen Darstellung des kleinen Einmaleins der Fall. Hier benötigt man 10 nebeneinanderliegende Tabellenfelder. Das Ausgabeformular muß somit in mindestens 10 Felder aufgeteilt werden.

Man könnte nun auf den Gedanken kommen, anstelle des Standard-Spaltenformats das variable Spaltenformat zur tabellarischen Darstellung heranzuziehen, wenn mehr als 5 Tabellenfelder nebeneinander benötigt werden, da es bekanntlich mehr Werte je Zeile unterzubringen erlaubt, als das Standard-Spaltenformat.

Dieser Gedanke erweist sich jedoch als wenig hilfreich, da sich bei einem variablen Spaltenformat die Feldeinteilung einer Zeile mit der Größenordnung der Werte ändert. So kann es vorkommen, daß die Feldeinteilungen in den verschiedenen Zeilen infolge unterschiedlicher Werte unterschiedlich sind. Dies führt dazu, daß die Werte nicht tabellarisch geordnet untereinander stehen.

Beispiel:
Es sollen mit Hilfe des *variablen* Spaltenformats folgende Werte in 3 Zeilen ausgegeben werden:

Zeile 1:   1; 2; 3
Zeile 2:   12; 123; 1234
Zeile 3:   12345; 123456; 1234567

Die Befehlsfolge lautet dazu:

5Ø PRINT 1; 2; 3
6Ø PRINT 12; 123; 1234
7Ø PRINT 12345; 123456; 1234567

Das Druckbild sieht dann folgendermaßen aus:

Druckposition

```
           0          10        20        30          71
1. Zeile  |1  |2  |3  |   |
2. Zeile  |12     |123    |1234
3. Zeile  |12345     |123456     |1234567
```

Wie dieses Beispiel deutlich zeigt, ergibt die Verwendung des variablen Spaltenformats keine tabellarische Anordnung der Werte.

BASIC bietet daher eine andere Möglichkeit, Berechnungsergebnisse tabellarisch in jedem gewünschten Format auszudrucken. Den tabellarisch auszudruckenden arithmetischen Ausdrücken der PRINT-Anweisung müssen zu diesem Zweck entsprechende *Tabulatorfunktionen* (TAB) vorangestellt werden.

Die allgemeine Form der Ausgabeanweisung für Tabellen ist:

n PRINT TAB (a_1), a_2, TAB (a_3), a_4, ..., TAB (a_{x-1}), a_x
bzw.   n PRINT TAB (a_1); a_2; TAB (a_3); a_4; ...; TAB (a_{x-1}); a_x

Den arithmetischen Ausdrücken der PRINT-Anweisung, die tabellarisch ausgedruckt werden sollen, werden zu diesem Zweck spezielle *Tabulatorfunktionen* (TAB) vorangestellt. Im einzelnen ist in der allgemeinen Form der Ausgabeanweisung für Tabellen:

n   die Anweisungsnummer der PRINT-Anweisung

PRINT   das Schlüsselwort der Ausgabeanweisung

TAB   das Schlüsselwort der Tabulatorfunktion.

Mit Hilfe des Schlüsselwortes TAB wird der DVA mitgeteilt, daß eine tabellarische Ausgabe folgen soll.

a_{x-1} ein arithmetischer Ausdruck

Der Wert dieses arithmetischen Ausdruckes im Argument der Tabulatorfunktion (runde Klammern) gibt die Druck*position* in der jeweiligen Druckzeile an, in der mit dem Drucken des gewünschten Wertes begonnen werden soll.

Die Tabulatorfunktion TAB (a_{x-1}) bewirkt also, daß der Schreibkopf des Fernschreibers zu der Druckposition vorrückt, die durch den Wert des arithmetischen Ausdruckes a_{x-1} bestimmt ist.

a_x ein arithmetischer Ausdruck

Der Wert dieses arithmetischen Ausdruckes soll tabellarisch ausgedruckt werden.

$\left\{ {, \atop ;} \right\}$ **Als Listentrennzeichen ist sowohl das Komma als auch das Semikolon möglich.**

Sie definieren auch hier das Format der Werte in der Art, wie es von dem Standard-Spaltenformat und dem variablen Spaltenformat her bekannt ist:

Das *Komma* reserviert für den jeweiligen Ausgabewert ein Feld von 15 Spalten.

Das *Semikolon* reserviert für den Ausgabewert ein Feld, dessen Größe von der Anzahl der Ziffern des Wertes abhängt.

Das Semikolon wird in den meisten Fällen das zweckmäßigere Listentrennzeichen sein, da hier die reservierte Anzahl der Druckstellen des Feldes am kleinsten gehalten wird. Dies kommt der besseren Ausnutzung der Druckzeile direkt zugute.

Beispiel:

Es sollen mit Hilfe der Tabulatorfunktion folgende Werte tabellarisch in folgenden Zeilen ausgegeben werden:

Zeile 1:   1; 2; 3
Zeile 2:   12; 123; 1234
Zeile 3:   12345; 123456; 1234567

Die Werte sollen dabei in Feldern mit je 10 Druckstellen linksbündig ausgegeben werden. Das erste Feld soll 2 Druckstellen links vom Rand beginnen.

Die Befehlsfolge lautet dazu:

```
   :
   :
   :
5Ø PRINT TAB (2); 1;  TAB (12);  2; TAB (22);  3
6Ø PRINT TAB (2); 12; TAB (12); 123; TAB (22); 1234
7Ø PRINT TAB (2); 12345; TAB (12); 123456; TAB (22); 1234567
```

Das Druckbild sieht dann folgendermaßen aus:

Druckposition	0 2	12	22	32
1. Zeile.	1	2	3	
2. Zeile	12	123	1234	
3. Zeile	12345	123456	1234567	

Die arithmetischen Ausdrücke a_x und a_{x-1} der allgemeinen Form der Ausgabeanweisung für Tabellen sind hier Konstanten.

Die Tabulatorfunktion TAB (2) in der Anweisung mit der Anweisungsnummer 5Ø weist die DVA z. B. an, daß die darauf folgende Konstante mit dem Wert 1 in der zweiten Druckposition in der 1. Zeile ausgegeben werden soll.

In der Ausgabeanweisung für Tabellen dürfen auch arithmetische Ausdrücke ohne Tabulatorfunktion auftreten.

Eine verallgemeinerte Darstellung wäre z. B.:

$$\boxed{\text{n PRINT } a_1, \text{ TAB } (a_2), a_3, a_4}$$

Die arithmetischen Ausdrücke a_1, TAB (a_2), a_3, a_4 werden nach den bekannten Regeln (vgl. 11.2.1) ausgedruckt.

Beispiel:

Ein Programm enthalte folgende Ausgabeanweisung:

```
1Ø PRINT 12; TAB (9); 24
```

Als Listentrennzeichen wurde das Semikolon verwendet. Die auszugebenden Werte werden daher im variablen Spaltenformat ausgedruckt.

— Die zweistellige Zahl 12 wird in einem ersten Druckfeld von insgesamt 6 Druckstellen ausgegeben.
— Die zweistellige Zahl 24 wird in einem zweiten Druckfeld ausgegeben, das bei der Druckposition 9 beginnt und insgesamt 6 Druckstellen aufweist.

Druckposition	0	6	9	15	71
Druckzeile	12		24		

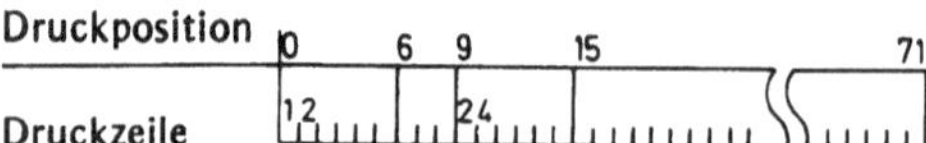

Die Tabulatorfunktion wird unwirksam, wenn die im Argument der Tabulatorfunktion angegebene Druckposition kleiner als die augenblickliche, schon erreichte Druckposition ist.

Beispiel:

Ein Programm möge folgende Ausgabeanweisung enthalten:

10 PRINT 12, TAB (9), 24

Diese Ausgabeanweisung entspricht der Ausgabeanweisung des vorhergehenden Beispiels. Als Listentrennzeichen wurde hier jedoch anstelle des Semikolons ein Komma verwendet. Dies hat folgende Wirkung:

— Die zweistellige Zahl 12 wird im Standard-Spaltenformat ausgegeben, d. h. das erste Druckfeld besitzt insgesamt 15 Druckstellen.
— Die zweistellige Zahl 24 sollte eigentlich laut Tabulatorfunktion an der Druckposition 9 beginnen. Dies ist jedoch nicht möglich, da das erste Druckfeld für die Zahl 12 bis zur Druckposition 14 reicht. Dadurch wird die Tabulatorfunktion unwirksam. Die zweistellige Zahl wird daher so ausgedruckt, als ob keine Tabulatorfunktion vorhanden wäre, d. h. die Ausgabe erfolgt im Standard-Spaltenformat.

Das Druckbild sieht somit folgendermaßen aus:

Druckposition	0	15	30	71
Druckspalte	12	24		

Das Argument der Tabulatorfunktion darf nur Druckpositionen aufweisen, die der Schreibkopf des Fernschreibers auch tatsächlich einnehmen kann.

Eine Zeile eines Fernschreiberformulars weist 72 Druckstellen auf (Druckposition 0 bis 71). Wenn nun im Argument der Tabulatorfunktion Druckpositionen auftreten, die größer als 71 sind, dann wird ein Wagenrücklauf ausgeführt und zu einer neuen Zeile übergegangen.

Treten im Argument der Tabulatorfunktion Druckpositionen auf, die kleiner als Null sind (negativ), dann bleibt der Schreibkopf am linken Zeilenrand stehen.

Bislang wurden für die arithmetischen Ausdrücke in der allgemeinen Form der Ausgabeanweisung für Tabellen nur Konstanten eingesetzt.

Es können natürlich jederzeit auch anstelle der Konstanten Variablen und arithmetische Ausdrücke eingesetzt werden, wie es die folgenden Beispiele zeigen:

Beispiel

Nr.	Ausgabeanweisung
1	100 PRINT X; TAB (12); Y; TAB (24); Z
	Der der Variablen X zugeordnete Wert wird im ersten Druckfeld, beginnend bei der Spaltenposition 0, ausgedruckt.
	Der der Variablen Y zugeordnete Wert wird in einem zweiten Druckfeld, beginnend bei der Spaltenposition 12, ausgedruckt.
	Der der Variablen Z zugeordnete Wert wird in einem dritten Druckfeld, beginnend bei der Spaltenposition 24, ausgedruckt.

Nr.	Ausgabeanweisung
2	1ØØ PRINT X; TAB (A); Y; TAB (2 * A); Z Der der Variablen X zugeordnete Wert wird im ersten Druckfeld, beginnend bei der Spaltenposition 0, ausgedruckt. Der der Variablen Y zugeordnete Wert wird in einem zweiten Druckfeld ausgegeben. Die Spaltenposition, in der dieses Feld beginnt, wird durch den Wert festgelegt, den die Variable A in der Tabulatorfunktion einnimmt. Der der Variablen Z zugeordnete Wert wird in einem dritten Druckfeld ausgegeben. Die Spaltenposition, in der dieses Feld beginnt, wird durch den Wert festgelegt, der sich aus dem arithmetischen Ausdruck 2 * A ergibt. Würde man z. B. der Variablen A den Wert 12 zuordnen, so würde sich der gleiche Ausdruck wie im 1. Beispiel ergeben.
3	5Ø LET W = Ø 6Ø LET B = 3.14/18Ø * W 7Ø PRINT TAB (35 + 25 * SIN (B)), W 8Ø LET W = W + 3Ø 9Ø GOTO 6Ø Dieser Programmabschnitt zeigt, wie man mit Hilfe der Tabulatorfunktion eine Sinusfunktion grafisch ausgeben kann.

Anw. Nr.	Erläuterung
5Ø	Der Anfangswert des Winkels der Sinusfunktion sei W = Ø
6Ø	Das Argument der Standardfunktion SIN (X) muß im Bogenmaß eingegeben werden (vgl. 6.5). Daher wird der Winkel W zunächst in das Bogenmaß B umgerechnet.
7Ø	Dies ist der Ausgabebefehl, mit dem die Sinusfunktion grafisch ausgegeben werden kann. Die Tabulatorfunktion errechnet aus dem arithmetischen Ausdruck (35 + 25 * SIN (B)) die Druckposition für den Wert der Variablen W. Diese Druckposition schwankt sinusförmig [SIN (B)] um den Zeilenmittenwert [35] der möglichen 72 Druckstellen. Der Faktor 25 dient zur Vergrößerung des Sinus in der grafischen Darstellung, der sonst nur Werte zwischen + 1 und − 1 einnimmt. Ist die Druckposition errechnet und vom Schreibkopf eingenommen, so wird anschließend an dieser Stelle der Wert des Winkels W im Gradmaß ausgedruckt.
8Ø	Der Winkel wird um 30 Grad erhöht.

9Ø	Mit dem neuen Winkel wird zur Anweisung mit der Anweisungsnummer 6Ø *zurück*gesprungen. Auf diese Weise wird eine Schleife aufgebaut, die die Sinuskurve in Abständen von 30 Grad grafisch darstellt, wie es die folgende Skizze bis zu einem Winkel von 180° zeigt:
	
	0
	  30
	    60
	     90
	    120
	   150
	 180

Zur Beendigung der Schleifendurchläufe muß eine geeignete Verzweigungsanweisung (vgl. 9.3) in den Programmabschnitt eingefügt werden.

11.2.2. Der Zeilenvorschub

Jede PRINT-Anweisung bewirkt, daß zum Drucken der Werte eine neue Zeile eingenommen wird.

Beispiel

Das folgende Programm soll dazu dienen, die Zahlen von 1 bis 10 mit Hilfe einer Programmschleife zeilenweise auszudrucken.

```
1Ø FOR I = 1 TO 1Ø
2Ø PRINT I
3Ø NEXT I
4Ø END
```

Der Variablen I werden bei den einzelnen Schleifendurchläufen die Werte von 1 bis 1Ø mit der Schrittweite 1 zugeordnet (vgl. 9.4). Bei jedem Schleifendurchlauf wird auch die PRINT-Anweisung durchlaufen. Dies bewirkt, daß der jeweilige Zahlenwert der Variablen I stets im 1. Feld einer neuen Zeile ausgegeben wird.

	Feld 1	
Spaltenposition	0	15
Zeile 1	1	
.	2	
.	3	
.	4	
.	5	
.	6	
.	7	
.	8	
.	9	
Zeile 10	10	

Wenn die auf das Schlüsselwort PRINT folgende Liste der arithmetischen Ausdrücke mit einem Listentrennzeichen (Komma oder Semikolon) abschließt, wird eine *folgende* PRINT-Anweisung den Ausdruck in der bisherigen Zeile fortsetzen.

Die Werte werden in diesem Falle in den noch freien Feldern der alten Zeile ausgedruckt.

Beispiel:

Das Programm des obigen Beispiels wird wie folgt abgeändert:

```
1Ø FOR I = 1 TO 1Ø
2Ø PRINT I,
3Ø NEXT I
4Ø END
```

Auch hier wird bei jedem Schleifendurchlauf die PRINT-Anweisung durchlaufen. Das abschließende *Komma* bewirkt jedoch, daß die Werte nebeneinander im *Standard-Spaltenformat* ausgegeben werden, bis eine Druckzeile voll ist. Erst dann wird zu einer neuen Zeile übergegangen.

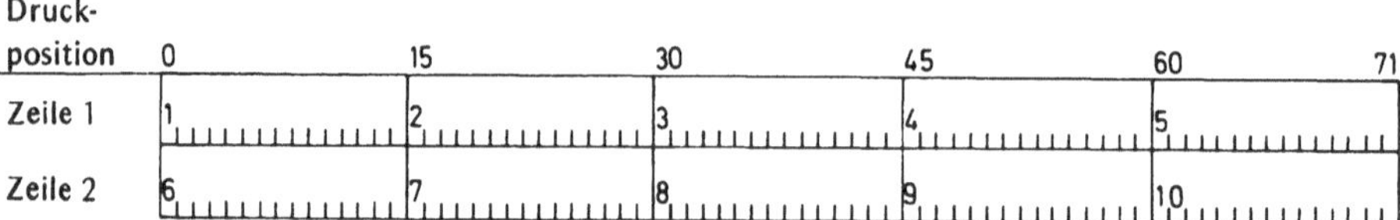

Würde die PRINT-Anweisung mit einem *Semikolon* abgeschlossen werden, so würden die Werte nebeneinander im *variablen Spaltenformat* ausgegeben werden.

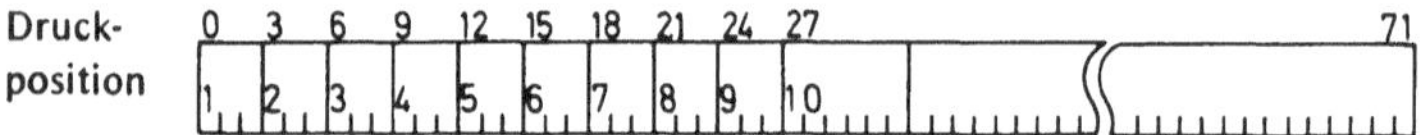

Möchte man einen reinen Zeilenvorschub ohne jeglichen Ausdruck, so gibt man eine PRINT-Anweisung, jedoch ohne eine Liste von arithmetischen Ausdrücken.

Ein reiner Zeilenvorschub (Leerzeile) wird durch eine PRINT-Anweisung erzeugt, die keine Liste mit arithmetischen Ausdrücken enthält.

Die allgemeine Form zum Drucken einer Leerzeile ist somit:

> n **PRINT**

Beispiel:

Es soll in einer DVA für die Variable A der Wert 11 und für die Variable B der Wert 33 abgespeichert sein. Bei der Ausgabe sollen die Werte für A und B jeweils in einer neuen Zeile, getrennt durch eine Leerzeile, ausgegeben werden. Der Programmteil der Ausgabe lautet:

```
        .
        .
        .
    1ØØ PRINT A
    11Ø PRINT
    12Ø PRINT B
```

Das Druckbild der Ausgabe hat folgendes Aussehen:

11.3. Ausgabe von kommentierenden Texten

Die Ausgabedaten lassen sich mit Hilfe

- des Standardspaltenformats
- des variablen Spaltenformats und
- des Tabellenformats

übersichtlich in Ausgabefelder gliedern. Die Übersichtlichkeit läßt sich noch weiter
steigern, wenn zusätzlich die Möglichkeit besteht, beliebige Texte zur Erläuterung in das
Datenmaterial einzufügen. Dabei kann es sich um Überschriften, Tabellentexte, Maß-
einheiten usw. handeln.

**Kommentierende Texte können mit Hilfe der PRINT-Anweisung ausgegeben werden.
Die allgemeine Form zur Ausgabe von festen Texten ist:**

> n **PRINT** "Text"

**Der Text darf aus beliebigen Zeichen des BASIC-Zeichenvorrats bestehen und ist in An-
führungszeichen (" ") zu setzen.**

Beispiel:

In einem Programm werden Quadratwurzeln berechnet.

Das Ausgabeprotokoll soll daher als Überschrift den kommentierenden Text

    Quadratwurzeln

aufweisen. Der entsprechende Ausgabebefehl lautet:

    1Ø PRINT "QUADRATWURZELN"

Beispiel:

In einem Programm soll für eine Vielzahl von Arbeitnehmern der Lohn aus der Anzahl der Stunden
und dem Stundenlohn ermittelt werden. Für alle Arbeitnehmer ist ein Lohnstreifen zu erstellen, in
dem über den jeweiligen Zahlenwerten in einer separaten Zeile folgende kommentierenden Texte
stehen:

    Stunden   Std.lohn   Lohn

Die Ausgabe der zugehörigen Werte soll im Standard-Spaltenformat erfolgen.

Eine Möglichkeit, die Ausgabeanweisung wunschgemäß zu formulieren, ist:

    1Ø PRINT "STUNDEN   STD.LOHN   LOHN"
             0   15   30

Bei der Programmierung dieser PRINT-Anweisung wird mehrfach die *Leertaste* des Eingabegerätes
(Leertaste eines Fernschreibers) gedrückt. Die Leerstellen wurden hier symbolisch durch ⊥⊥⊥⊥⊥⊥
gekennzeichnet. Bei der Bearbeitung des obigen Befehls wird der Text innerhalb der Anführungszeichen einschließlich aller Leerstellen unverändert ausgedruckt.

**Leerstellen innerhalb eines durch Anführungszeichen gekennzeichneten Textes werden
als „leere" Druckstellen gewertet, d.h. es wird kein BASIC-Zeichen ausgedruckt, der
Schreibkopf bewegt sich, ohne zu drucken, um genau eine Druckposition weiter.**

Mit Hilfe der Leerstellen lassen sich beliebige Abstände zwischen den eigentlichen Texten
programmieren. Man kann jedoch das umständliche Abzählen der notwendigen bzw. gewünschten Leerstellen zwischen den Texten vermeiden, indem man auf das Schlüsselwort PRINT eine *Textliste* folgen läßt.

**Es können mehrere kommentierende Texte in einer Zeile ausgegeben werden, indem man
die Texte durch die bekannten Listentrennzeichen (Komma, Semikolon) voneinander
trennt.**

Die allgemeine Form zur Ausgabe von n festen Texten ist:

<table>
<tr><td rowspan="2">bzw.</td><td>n **PRINT** "Text 1", "Text 2", ..., "Text x"</td></tr>
<tr><td>n **PRINT** "Text 1"; "Text 2"; ...; "Text x"</td></tr>
</table>

Verwendet man als Listentrennzeichen ein *Komma*, so erfolgt die gleiche Feldaufteilung wie bei der Ausgabe von Zahlenwerten im Standard-Spaltenformat.

Wählt man als Listentrennzeichen Kommas, so werden die Texte in einer Zeile links-bündig in 15 Druckspalten große Felder ausgedruckt. Nach der Verwendung des fünften Druckbereiches wird zum ersten Druckbereich der nächsten Zeile übergegangen.

Beispiel:

Es soll der gleiche Textausdruck wie im obigen Beispiel erstellt werden. Dabei soll anstelle der Leertasten das Komma als Listentrennzeichen benutzt werden.

Die Ausgabeanweisung lautet dann:

    1∅ PRINT "STUNDEN", "STD.LOHN", "LOHN"

Das Druckbild sieht dann wie im vorangegangenen Beispiel aus.

Sollten die Texte mehr als 15 Druckstellen erfordern, so werden dazwischenliegende Feldgrenzen nicht beachtet.

Beispiel:

Sollte in dem obigen Beispiel anstelle des Textes „Std.lohn" der ausführlichere Text „Stundenlohn in DM" ausgedruckt werden, so müßte die Ausgabeanweisung lauten:

    1∅ PRINT "STUNDEN", "STUNDENLOHN IN DM", "LOHN"

Dabei steht

"STUNDEN" in Feld 1 (Druckposition 0 - 14)
"STUNDENLOHN IN DM" in Feld 2 und 3 (Druckposition 15 - 44)
"LOHN" in Feld 4 (Druckposition 45 - 59)

Verwendet man als Listentrennzeichen ein *Semikolon*, so werden die einzelnen Texte ohne Zwischenraum aneinandergereiht.

Beispiel:

Die Kommas in der vorangegangenen Ausgabeanweisung werden gegen Semikolons ausgetauscht. Die Ausgabeanweisung lautet dann:

    1∅ PRINT "STUNDEN"; "STUNDENLOHN IN DM"; "LOHN"

Das Druckbild sieht dann folgendermaßen aus:

Druckposition	0 10 20 30
Druckzeile	STUNDENSTUNDENLOHN IN DMLOHN

Es wäre hier offensichtlich günstiger, den Ausdruck als **einen** Text aufzufassen und nicht mit Hilfe des Semikolons in **mehrere** Texte aufzuteilen. Man könnte dadurch Anführungszeichen und Semikolons in der Ausgabeanweisung einsparen.

11.4. Ausgabe von kommentierenden Texten und Daten

Texte und arithmetische Ausdrücke können in einer PRINT-Anweisung vermischt auftreten.

Die allgemeine Form zur Ausgabe von Texten und Daten ist:

n PRINT "Text 1", a_1, ..., "Text x", a_x

bzw.   n PRINT "Text 1"; a_1; ...; "Text x"; a_x

Verwendet man als Listentrennzeichen ein *Komma*, so wird die Druckzeile in 5 Felder mit je 15 Druckstellen aufgeteilt.

Texte und Daten werden in der angegebenen Reihenfolge linksbündig in die Felder gedruckt.

Nach der Verwendung des fünften Feldes wird zum ersten Feld der nächsten Zeile übergegangen.

Verwendet man als Listentrennzeichen ein *Semikolon*, so werden Texte und Daten kompakt in einer Druckzeile ausgegeben.

Zwischen einem kommentierenden Text und einem darauf folgenden Wert wird nur eine Druckstelle als Zwischenraum frei gehalten.

Beispiel:

Nr.	Aufgabenstellung
1	Eine Ausgabeanweisung in einem Programm lautet: 100 PRINT "X=", X in dem ersten 15-spaltigen Feld einer Zeile wird der Text "X=" ausgegeben. in dem zweiten 15-spaltigen Feld der gleichen Zeile wird der Wert der Variablen X ausgegeben. Wenn der Variablen X der Wert 10.5 zugeordnet ist, ergibt sich folgendes Druckbild: 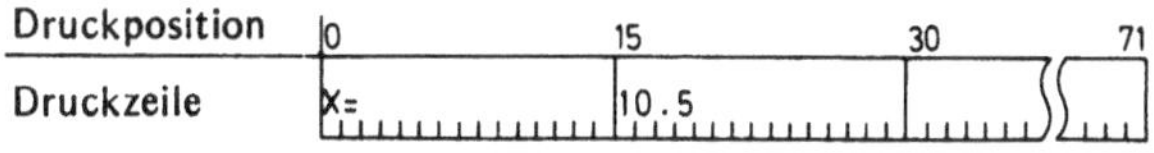 Druckposition 0 15 30 71 Druckzeile X= 10.5
2	Wird in der obigen Ausgabeanweisung das Komma durch ein Semikolon ersetzt, so ergibt sich die Druckanweisung zu: 100 PRINT "X="; X und der Ausdruck zu: 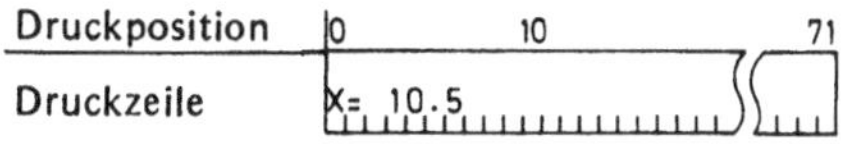 Druckposition 0 10 71 Druckzeile X= 10.5

Nr.	Aufgabenstellung
3	Eine Ausgabeanweisung in einem Programm lautet: 100 PRINT "ZINS", P, "PROZENT" Durch das Komma als Listentrennzeichen wird die Ausgabezeile wieder in 15-spaltige Felder aufgeteilt. Dabei enthält: Feld 1: den Text "ZINS" Feld 2: den Wert der Variablen P Feld 3: den Text "PROZENT"
4	Eine Ausgabeanweisung in einem Programm lautet: 100 PRINT "DER SINUS VON", X, "GRAD IST", SIN (3.14 * X/180) Die Ausgabezeile wird mit Hilfe des Kommas als Listentrennzeichen in Felder zu je 15 Druckstellen eingeteilt. Dabei enthält: Feld 1: den Text "Der Sinus von" Feld 2: den Wert der Variablen X Feld 3: den Text "Grad ist" Feld 4: den Wert, der sich bei der Berechnung des arithmetischen Ausdrucks SIN (3.14 * X/180) ergibt. Die Tatsache, daß der arithmetische Ausdruck in der Ausgabeanweisung auftreten darf, ist sehr praktisch, denn man erspart sich das Schreiben von zwei Anweisungen wie 90 LET Y = SIN(3.14 * X/180) 100 PRINT "DER SINUS VON", X, "GRAD IST", Y Diese beiden Anweisungen bewirken das gleiche wie die obige Anweisung.

11.5. Zusammenfassung

Ausgabeanweisungen dienen dazu, Daten programmgesteuert auszugeben.

Daten werden mit Hilfe der PRINT-Anweisung folgendermaßen ausgegeben:

	n PRINT $a_1, a_2, \ldots, a_x$
bzw.	n PRINT $a_1; a_2; \ldots; a_x$

Mit Hilfe des Schlüsselwortes PRINT wird der DVA mitgeteilt, daß Daten ausgegeben werden sollen.

Die arithmetischen Ausdrücke $a_1, \ldots, a_x$, deren Werte ausgegeben werden sollen, werden in einer Liste hinter dem Schlüsselwort PRINT aufgelistet.

Die Liste kann eine beliebige Anzahl von arithmetischen Ausdrücken enthalten.

Ihre Reihenfolge ist beliebig.

Sie werden durch Listentrennzeichen (Kommas, Semikolons) voneinander getrennt.

● Das Standard-Spaltenformat

– Die Trennung der Liste der arithmetischen Ausdrücke durch Kommas bewirkt,
  daß die Ausgabezeile in fünf Felder zu je fünfzehn Druckstellen unterteilt wird.
– Für jeden arithmetischen Ausdruck, dessen Wert ausgegeben werden soll, ist
  ein Feld vorgesehen.
– Die einzelnen Ausgabewerte werden der Reihe nach linksbündig in die jeweiligen
  Felder gedruckt.
– Wenn mehr als fünf Werte ausgegeben werden sollen, wird automatisch zu einer
  neuen Zeile übergegangen.
– Falls ein zu druckender Wert mehr als 15 Druckstellen benötigt, werden da-
  zwischenliegende Feldgrenzen nicht berücksichtigt.

● Das variable Spaltenformat

– Trennt man die arithmetischen Ausdrücke in der Liste der arithmetischen Ausdrücke durch ein Semikolon, so werden die Werte in einem variablen Spaltenformat ausgedruckt.
  Eine häufig benutzte Formatierung ist folgender Tabelle zu entnehmen:

Anzahl der Ziffern in der Zahl	Anzahl der Druck-stellen je Feld	Anzahl der Felder
1	3	24
2, 3, 4	6	12
5, 6, 7	9	8
8, 9, 1$\emptyset$	12	6
$\geqslant 11$	15	5

– Für jeden arithmetischen Ausdruck, dessen Wert ausgegeben werden soll, ist
  ein Feld vorgesehen, dessen Feldlänge von der Anzahl der auszugebenden
  Ziffern abhängt.
– Die einzelnen Ausgabewerte werden der Reihe nach linksbündig in die jeweiligen Felder gedruckt.
– Wenn mehr Werte ausgegeben werden sollen, als Felder in der Zeile vorhanden
  sind, wird automatisch zu einer neuen Zeile übergegangen.

● Das Tabellenformat

– Die allgemeine Form der Ausgabeanweisung für Tabellen ist:

$$n\ \textbf{PRINT TAB}\ (a_1), a_2, \textbf{TAB}\ (a_3), a_4, \dots, \textbf{TAB}\ (a_{x-1}), a_x$$

bzw.

$$n\ \textbf{PRINT TAB}\ (a_1); a_2; \textbf{TAB}\ (a_3); a_4; \dots; \textbf{TAB}\ (a_{x-1}); a_x$$

- Mit Hilfe des Schlüsselwortes TAB wird der DVA mitgeteilt, daß eine tabellarische Ausgabe folgen soll.
- Der Wert des arithmetischen Ausdrucks a_{x-1} im Argument der Tabulatorfunktion (runde Klammer) gibt die Spaltenposition in der jeweiligen Druckzeile
  an, in der mit dem Drucken des gewünschten Wertes begonnen werden soll.
- Der gewünschte Wert ergibt sich aus dem arithmetischen Ausdruck a_x, der auf
  die Tabulatorfunktion folgt.
- Als Listentrennzeichen sind sowohl Kommas als auch Semikolons möglich.

  Das Komma reserviert für den jeweiligen Ausgabewert ein Feld von 15 Spalten.

  Das Semikolon reserviert für den jeweiligen Ausgabewert ein Feld, dessen
  Größe von der Anzahl der Ziffern des Wertes abhängt.
- In der Ausgabeanweisung für Tabellen dürfen auch arithmetische Ausdrücke
  ohne Tabulatorfunktion auftreten.
- Die Tabulatorfunktion wird unwirksam, wenn die im Argument der Tabulatorfunktion angegebene Druckposition kleiner als die augenblickliche, schon
  erreichte Druckposition ist.

  Ist das Argument größer als 71, wird zu einer neuen Zeile übergegangen. Ist das
  Argument negativ, bleibt der Schreibkopf am linken Zeilenrand stehen.

- ● Der Zeilenvorschub

- Jede PRINT-Anweisung bewirkt, daß zum Drucken der Werte eine neue Zeile
  eingenommen wird.
- Wenn die auf das Schlüsselwort PRINT folgende Liste der arithmetischen Ausdrücke mit einem Listentrennzeichen (Komma, Semikolon) abschließt, wird
  eine *folgende* PRINT-Anweisung in der bisherigen Zeile weiterdrucken.
- Eine Leerzeile wird durch eine PRINT-Anweisung erzeugt, die keine Liste mit
  arithmetischen Ausdrücken enthält.

  Die allgemeine Form zum Drucken einer Leerzeile ist somit:

> **n PRINT**

- ● Ausgabe von kommentierenden Texten

  Kommentierende Texte können mit Hilfe der PRINT-Anweisung ausgegeben
  werden.

  Die allgemeine Form zur Ausgabe von festen Texten ist:

> **n PRINT** "Text"

- Der Text darf aus beliebigen Zeichen des BASIC-Zeichenvorrats bestehen und
  ist in Anführungszeichen (" ") zu setzen.
- Leerstellen innerhalb eines durch Anführungszeichen gekennzeichneten Textes
  werden als „leere" Druckstellen gewertet, d.h. es wird kein BASIC-Zeichen
  ausgedruckt.

— Es können mehrere kommentierende Texte in einer Zeile ausgegeben werden, indem man die Texte durch die Listentrennzeichen (Komma, Semikolon) voneinander trennt.

Die allgemeine Form zur Ausgabe von x festen Texten ist:

	n **PRINT** "Text 1", "Text 2", …, "Text x"
bzw.	n **PRINT** "Text 1"; "Text 2"; …; "Text x"

Verwendet man als Listentrennzeichen ein Komma, so werden die Druckzeilen in 5 Felder mit je 15 Druckstellen aufgeteilt, in die die Texte der Reihe nach linksbündig ausgedruckt werden.

Nach Verwendung des letzten Feldes der Druckzeilen wird zum ersten Feld der nächsten Zeile übergegangen.

Verwendet man als Listentrennzeichen ein Semikolon, so werden die einzelnen Texte ohne Zwischenraum aneinandergereiht.

● Ausgabe von kommentierenden Texten und Daten

Texte und arithmetische Ausdrücke können in einer PRINT-Anweisung vermischt auftreten.

Die allgemeine Form zur Ausgabe von Texten und Daten ist:

	n **PRINT** "Text 1", a_1, …, "Text x", a_x
bzw.	n **PRINT** "Text 1"; a_1; …; "Text x"; a_x

Verwendet man als Listentrennzeichen ein Komma, so wird die Druckzeile in bekannter Form in 5 Felder mit je 15 Druckstellen aufgeteilt. Verwendet man als Listentrennzeichen ein Semikolon, so wird zwischen kommentierendem Text und einem darauf folgenden Wert nur eine Druckstelle als Zwischenraum frei gehalten.

11.6. Übungsaufgaben

Die Lösungen der folgenden Übungsaufgaben befinden sich in Kap. 14

Aufgabe 11.1

Geben Sie auf kariertem Papier das Druckbild folgender Ausgabeanweisungen in der angegebenen Reihenfolge an. Jedes Karo soll dabei eine mögliche Druckstelle symbolisieren.

```
1Ø PRINT "BEISPIELE FÜR AUSGABEANWEISUNGEN"
2Ø PRINT
3Ø PRINT
4Ø PRINT "X", "Y", "Z"
5Ø PRINT
6Ø PRINT 1234, 12345, 123456
7Ø PRINT 7; 1234; 12345;
8Ø PRINT 123456
9Ø PRINT
1ØØ PRINT "BETRAG:", 1ØØØ, "SUMME =", 1ØØ
11Ø PRINT "BETRAG:"; 1ØØØ; "SUMME ="; 1ØØ
12Ø PRINT "BETRAG:";
13Ø PRINT 1ØØØ;
14Ø PRINT "DM"
15Ø FOR I = 1 TO 5Ø
16Ø PRINT "X";
17Ø NEXT I
18Ø PRINT
19Ø PRINT 1, 2, TAB(5), 3
2ØØ PRINT 1; 2; TAB(5); 3
21Ø PRINT 1; 2; TAB(1Ø); 3
```

Aufgabe 11.2

Man schreibe eine Ausgabeanweisung, die folgenden Text druckt:

BASIC ist eine problemorientierte Programmiersprache

Aufgabe 11.3

Man schreibe einen Programmteil, der es erlaubt, folgende Tabelle auszugeben:

Druckposition	0	15	30
Zeile 1			
2	X GRAD	SIN(X)	COS(X)
3			
4	Ø	?	?
5	3Ø	?	?
6	6Ø	?	?
7	9Ø	?	?
8			

Die Werte für SIN X und COS X sind für die angegebenen Winkel mit Hilfe einer Programmschleife zu ermitteln. Sie sind an der Stelle auszudrucken, wo z. Z. noch ein Fragezeichen (?) steht.

Aufgabe 11.4

Man schreibe unter Benutzung der Tabulatorfunktion eine Programmschleife, die die Zahlen von 1 bis 18 folgendermaßen ausdruckt:

Druckposition	0 7 14 21 28 35 42
Zeile 1	1 2 3 4 5 6
2	7 8 9 10 11 12
3	13 14 15 16 17 18

12. Fehlerbehandlung

Ein Programm wird selten bei dem ersten Versuch fehlerfrei ablaufen. Dies gilt umsomehr, je umfangreicher und komplizierter die programmierten Probleme sind.

Es lassen sich folgende Fehlerarten unterscheiden:

- Syntaxfehler
- Ablauffehler
- Logische Fehler

12.1. Syntaxfehler

Die Syntax (grch.: Zusammensetzung) einer Sprache gibt die Regeln an, die bei der Bildung von Sätzen aus Wörtern zu beachten sind.

Die Programmier*sprache* BASIC besitzt ebenfalls eine Syntax. Die Regeln, die bei der Bildung von BASIC-Sätzen aus BASIC-Wörtern zu beachten sind, wurden in den vorangegangenen Kapiteln (6 bis 11) erläutert.

Ein Verstoß gegen die formalen Regeln der BASIC-Sprache führt zu einem Syntaxfehler (Formfehler).

Syntaxfehler entstehen bei der Programm*eingabe* durch

- Unkenntnis bzw. Nichtbeachtung der syntaktischen Regeln
  oder durch
- Tippfehler

Beispiel:

BASIC-Satz (-Anweisung) mit Syntaxfehler	BASIC-Satz (-Anweisung) ohne Syntaxfehler
1∅∅ PINT X 2∅∅ GO 5∅ PRINT X, Y, Z	1∅∅ PRINT X 2∅∅ GOTO 5∅ 5∅ PRINT X, Y, Z

Durch das Drücken einer Übergabetaste ("End of Text"-Taste, "End of Line"-Taste o. ä.) werden die einzelnen BASIC-Sätze in die DVA übergeben (vgl. 5.1). Sie werden hier sogleich auf Syntaxfehler überprüft.

Erkennt die DVA einen Syntaxfehler, so wird er sofort gemeldet.

Die Form der Fehlermeldung kann bei den verschiedenen Datenverarbeitungsanlagen
sehr unterschiedlich sein.

Bei einfachen Anlagen wird dem Programmierer meist nur der Hinweis auf einen Fehler
in Verbindung mit einem *Fehlercode* ausgegeben. Der Fehler selbst muß dann einer
Liste entnommen werden, in der alle Fehlercodes mit den ihnen zugeordneten Fehlern
aufgeführt sind.

Beispiel einer Fehlermeldung:

    ERROR 15

Der zugehörigen Fehlerliste könnte dann z. B. unter der Codezahl 15 entnommen werden, daß eine
„Klammer auf" in der vorangegangenen BASIC-Anweisung fehlt.

Komfortablere Datenverarbeitungsanlagen geben den Hinweis auf den Syntaxfehler
vielfach in direktverständlicher Form, d. h. in Worten, an.

Der Komfort bei der Fehlerbehandlung wird ab und zu noch weiter gesteigert, indem
der Text der Anweisung in einer neuen Zeile soweit ausgegeben wird, wie er richtig war.
Damit wird die Stelle des Fehlers eindeutig lokalisiert. Der Programmierer hat dann den
Rest der Anweisung in korrigierter Form einzugeben.

12.2. Ablauffehler

Ist ein Programm vollständig und ohne Syntaxfehler in die DVA eingegeben worden,
kann die Ausführung des Programms verlangt werden. Dazu muß eine entsprechende
Anweisung gegeben werden (RUN-Anweisung o. ä., vgl. 3.2.3).

Die DVA prüft daraufhin intern, ob alle Voraussetzungen für den Rechenlauf erfüllt
sind.

Sind nicht alle Voraussetzungen erfüllt, so beinhaltet das Programm noch Ablauffehler.

**Findet die DVA bei einer internen Prüfung vor der vollständigen Ausführung des
Programms einen Fehler, so handelt es sich um einen sog. Ablauffehler.**

Das Programm kann erst ablaufen, wenn der Ablauffehler korrigiert wurde.

Beispiel eines Ablauffehlers:

    5∅ GOTO 5∅∅

Diese Sprunganweisung soll bewirken, daß unmittelbar zur Anweisung mit der Anweisungsnummer
500 gesprungen wird.

Die Anweisung ist *formal* richtig. Ein Syntaxfehler kann nicht festgestellt werden. Die weitere Prüfung
der DVA vor dem Rechenlauf möge jedoch ergeben, daß im Programm keine Anweisung mit der
Anweisungsnummer 500 vorhanden ist. Das im Programm angegebene Sprungziel kann daher nicht
angesprungen werden. Der Programm*ablauf* ist unterbrochen. Dies führt zu einer entsprechenden
Ablauffehlermeldung.

Ablauffehler unterbrechen den Programmablauf. Die fehlerverursachende Anweisung
wird angegeben und eine Erläuterung zum Fehler ausgedruckt. Die Erläuterung wird je
nach DVA-Typ entweder mit Hilfe eines Fehlercodes oder direkt in verbaler Form ausgegeben.

12.3. Logische Fehler

Ist der Algorithmus eines Problems nicht richtig erkannt und programmiert, so enthält das Programm sog. logische Fehler.

Beispiel eines einfachen logischen Fehlers:

Ein Programmierer möchte das Produkt der Variablen A und B der Variablen X zuordnen und gibt der DVA die Anweisung:

    5∅ LET X = A + B

Diese Anweisung ist formal richtig aufgebaut. Ein Syntaxfehler kann nicht festgestellt werden.

Das Programm läuft auch ohne Ablauffehlermeldung bis zum Ende durch und druckt ein Ergebnis aus.

Der Programmierer stellt jedoch fest, daß das Ergebnis nicht richtig sein kann.

Dies kann nur an einem logischen Fehler im Programm liegen. Bei einer Überprüfung des Programms stellt er fest, daß er eigentlich die Anweisung

    5∅ LET X = A * B

schreiben wollte. Logische Fehler wie diese kann die DVA nicht entdecken und anzeigen.

Die DVA kann keine logischen Fehler entdecken und anzeigen.

Der Programmierer muß in diesem Fall das ganze Programm Schritt für Schritt prüfen, um den logischen Fehler zu finden. Dies ist bei umfangreichen Programmen sehr zeitaufwendig. Hier erweist es sich häufig als zweckmäßig, Ergebnisse von Zwischenrechnungen ausgeben zu lassen und diese auf ihre Richtigkeit hin zu überprüfen.

Dazu müssen in das Programm zusätzliche PRINT-Anweisungen eingefügt werden.

13. Vollständig programmierte Beispiele

Die Themen der einzelnen Programmbeispiele wurden bewußt aus unterschiedlichen Bereichen der Mathematik und Naturwissenschaft gewählt, um zu zeigen, daß die mathematisch-naturwissenschaftlich orientierte Programmiersprache BASIC universell einsetzbar ist. Der Schwierigkeitsgrad wurde dabei von Beispiel zu Beispiel langsam gesteigert. Für Anfänger empfiehlt es sich daher, die Programme systematisch vom ersten bis zum letzten Beispiel durchzuarbeiten. Der Aufbau der Programmbeispiele wird ihm dabei helfen.

Vom Leser wird nicht erwartet, daß er die vielfältigen Problembereiche, die in den Beispielen behandelt werden, kennt und beherrscht. Daher folgt auf jede Aufgabenstellung eine Problemformulierung, in der der Lösungsweg ausführlich und allgemein verständlich erarbeitet wird.

Leser, die sich auf den Standpunkt stellen, daß auch ohne genaue Kenntnis der Probleme programmiert werden kann, wenn der Algorithmus bekannt ist, können diesen Abschnitt auch überschlagen. Für sie wird in einer Zusammenfassung der jeweilige Lösungsalgorithmus angegeben.

Daraufhin werden die Programmablaufpläne dargestellt und kurz erläutert. Das zugehörige Programm folgt in Form eines Druckerprotokolls. Der Lösungsausdruck für beispielhaft angenommene Zahlenwerte schließt sich an. Einzelne Anweisungen des Programms werden abschließend, unter Angabe der Anweisungsnummern, kurz erläutert. Häufig wird dabei auch auf die zugehörigen Kapitel verwiesen.

13.1. Gravitationskraftberechnung

Aufgabenstellung

Es ist bekannt, daß Massen Anziehungskräfte aufeinander ausüben. Dies sind die sog. Gravitationskräfte. Sie existieren für große Massen, wie Planeten, Monde usw. ebenso wie für kleinere Massen auf der Erde. Es soll daher in dieser Aufgabe die Anziehungskraft zweier Tanker ermittelt werden, die in einem Abstand von 50 m aneinander vorbeifahren. Die Masse beider Tanker betrage 300 000 000 kg. Die Lösung dieser Aufgabe wird zeigen, ob bei Massen dieser Größe schon nennenswerte Kräfte zu verzeichnen sind.

Problemformulierung

Die Anziehungskräfte lassen sich mithilfe des Gravitationsgesetzes allgemeingültig für alle Massen wie folgt bestimmen:

$$F = \gamma \cdot \frac{m_1 \cdot m_2}{r^2}$$

Die beiden sich mit der Kraft F anziehenden Massen sind m_1 und m_2. Die Entfernung ihrer Schwerpunkte ist r. Die Gravitationskonstante γ hat die Größe $\gamma = 6{,}67 \cdot 10^{-11}$ m³ s⁻² kg⁻¹. Werden die Massen in kg und der Abstand in m eingegeben, so ergibt sich die Kraft in N.

Zusammenfassung

Die Anziehungskraft zweier Massen ergibt sich aus der Beziehung

$$F = \gamma \cdot \frac{m_1 \cdot m_2}{r^2}$$

Diese allgemeine Beziehung ist zu programmieren. Die Eingabewerte sind dabei:

$\gamma\ = 6{,}67 \cdot 10^{-11}$ m³ s⁻² kg⁻¹
$m_1 = m_2 = 300\,000$ t $= 300\,000\,000$ kg
$r\ \ = 50$ m

Programmablaufplan

Der Programmablaufplan zeigt in seiner einfachsten Form einen linearen Programmablauf.
Eingabe, Berechnung und Ausgabe von Werten folgen ohne jede Verzweigung direkt aufeinander.

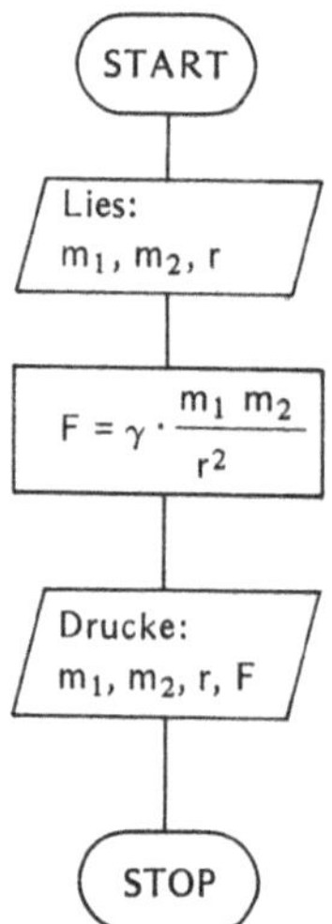

Programm- und Ergebnisausdruck

```
10 REM GRAVITATIONSKRAFTBERECHNUNG
20 REM
30 READ M1,M2,R
40 LET G=+6.67E-11
50 LET F=G*M1*M2/R↑2
60 PRINT "DIE ANZIEHUNGSKRAEFTE SIND BEI"
70 PRINT
80 PRINT "MASSE M1=";M1;"KG"
90 PRINT "MASSE M2=";M2;"KG"
100 PRINT "ABSTAND R=";R;"M"
110 PRINT "F=";F;"N"
130 DATA 300000000,300000000,50
140 END


DIE ANZIEHUNGSKRAEFTE SIND BEI

MASSE M1= 300000000  KG
MASSE M2= 300000000  KG
ABSTAND R= 50    M
F= 2401.2  N
```

Erläuterungen zu dem Programm

Anw. Nr.	Erläuterung
1∅	Die Programmüberschrift wird mit Hilfe einer Kommentarvereinbarung formuliert (vgl. 5.3).
2∅	Um die Programmüberschrift vom eigentlichen Programm abzuheben, wurde nach der Überschrift eine Kommentarvereinbarung ohne Kommentar eingefügt (vgl. 5.3).
3∅	Eingabe von Daten mit Hilfe der READ-DATA-Anweisung (vgl. 10.2). Auf das Schlüsselwort READ folgt die Variablenliste mit den Variablen M1 für die Masse m1, M2 für Masse m2 und R für den Abstand r. Sie werden durch Kommata voneinander getrennt.
4∅	Die Gravitationskonstante γ wird nicht über eine Eingabeanweisung in die DVA eingegeben, sondern über eine arithmetische Zuordnungsanweisung festgelegt (vgl. 8.5, 10.1). Als Variablenname wurde für γ G gewählt. Ihr wird der konstante Wert $+ 6{,}67 \cdot 10^{-11}$ in Exponentialschreibweise zugeordnet (vgl. 6.2).
5∅	Diese arithmetische Zuordnungsanweisung (vgl. Kap. 8) gibt den zu berechnenden Formelausdruck wieder.
6∅	Bevor die errechneten Werte ausgegeben werden, soll zunächst ein erklärender Text ausgegeben werden. Dies ist mit Hilfe einer PRINT-Anweisung möglich. Der erklärende Text ist dabei in Anführungszeichen (" ") zu setzen (vgl. 11.3).
7∅	Nach dem erklärenden Text soll eine Leerzeile folgen. Man erhält sie mit Hilfe einer PRINT-Anweisung, auf die nichts folgt (vgl. 11.2.2).
8∅	Bevor das Ergebnis ausgedruckt wird, empfiehlt es sich vielfach, die Eingabewerte, die zu einem Ergebnis führen, zusammen mit einem erläuternden Text auszudrucken. Mit Hilfe dieser PRINT-Anweisung wird der Wert der Masse M1 nebst Erläuterung und Einheit in einer Zeile ausgedruckt (vgl. 11.4).
9∅	Entspricht der Anweisung 8∅, jedoch für die Masse M2. Da die vorangegangene PRINT-Anweisung nicht mit einem Listentrennzeichen abgeschlossen wurde, wird dieser Ausdruck in einer neuen Zeile gedruckt (vgl. 11.2.2).
1∅∅	Entspricht der Anweisung 8∅ und 9∅, jedoch für den Abstand R.
11∅	Diese Ausgabeanweisung dient zur Ausgabe des Ergebnisses zusammen mit dem kommentierenden Text "F=" und der Einheit "N" (vgl. 11.4).
13∅	Diese DATA-Anweisung legt die Werte fest, mit denen im Programm gerechnet wird. Den Variablen M1, M2 und R der READ-Anweisung (3∅) werden der Reihe nach die Werte 300 000 000, 300 000 000 und 50 zugeordnet. Die Werte wurden durch Kommata getrennt (vgl. 10.2).
14∅	Diese Anweisung gibt das Programmende an. Sie besitzt die höchste vergebbare Anweisungsnummer.

Der Ergebnisausdruck besitzt die in den Anweisungen 60 bis 110 angegebene Form.

13.2. Phasenwinkelberechnung

Aufgabenstellung

Es soll die Phasenverschiebung zwischen Strom und Spannung bei einer Spule, deren
Induktivität und Verlustwiderstand unbekannt ist, ermittelt werden. Zu diesem Zweck
wurde folgende Meßschaltung aufgebaut:

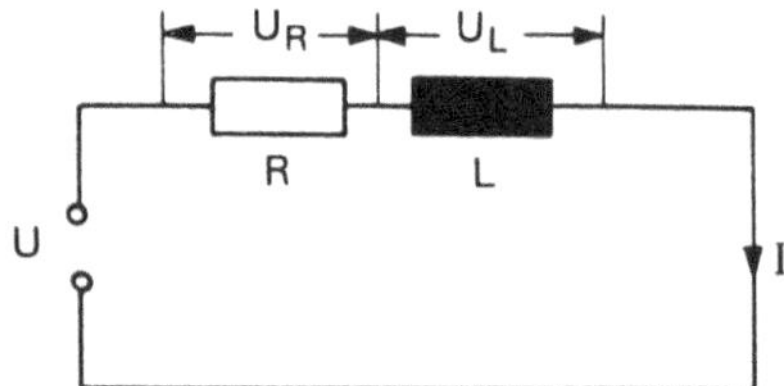

Die Spule L wird über einen Vorwiderstand R an eine Wechselspannung U angeschlossen.
Die Spannung U und die Spannungsabfälle U_R und U_L werden mit Hilfe eines Volt-
meters gemessen. Aus diesen Meßwerten soll die Phasenverschiebung zwischen dem
Strom I und der Spannung U_L errechnet werden.

Die Meßwerte seien: $U = 13,5$ V; $U_R = 10,7$ V; $U_L = 6,3$ V.

Problemformulierung

Die Meßwerte zeigen, daß die Summe der Spannungsabfälle U_R und U_L größer als die
Speisespannung U ist. Dies liegt an der Phasenverschiebung zwischen Strom und Spannung
bei einer Spule. Man kann aus den obigen Meßwerten ein Spannungsdiagramm konstruieren,
welches im Prinzip folgendermaßen aussieht:

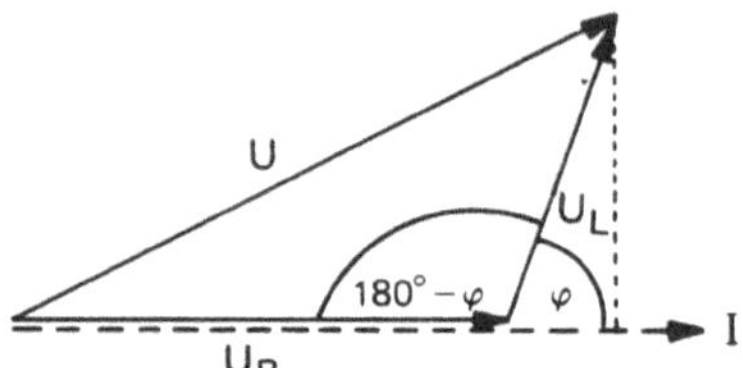

Wie man sieht, handelt es sich um keine normale Addition der Spannungsabfälle, sondern
um eine sog. Vektoraddition. Ein reiner Widerstand bewirkt keine Phasenverschiebung
zwischen Strom und Spannung. Somit zeigt der Spannungsvektor U_R gleichzeitig die
Phasenlage des Stromes an. Dies wurde in der Zeichnung durch den gestrichelten Vektor I
angedeutet. Der Spannungsvektor U_L der Spule und der Stromvektor I schließen einen
Winkel φ ein. Dieser Winkel gibt die sog. Phasenverschiebung zwischen Strom und Spannung bei einer Spule an. Der Phasenwinkel soll aus den gegebenen Meßwerten berechnet
werden.

Mit Hilfe des Kosinus-Satzes läßt sich aus dem Spannungsdreieck mit den bekannten
Werten der stumpfe Winkel $(180° - \varphi)$ ermitteln. Daraus läßt sich leicht auf den Phasenwinkel φ schließen.

Der Kosinussatz für das Spannungsdreieck lautet:

$$U^2 = U_R^2 + U_L^2 - 2\,U_R\,U_L\,\cos\,(180° - \varphi)$$

Diese Gleichung muß nach den Winkel aufgelöst werden.

$$\cos\,(180° - \varphi) = \frac{U_R^2 + U_L^2 - U^2}{2\,U_R\,U_L}$$

Aus der Trigonometrie ist bekannt, daß

$$\cos\,(180° - \varphi) = -\cos\,\varphi$$

somit ist

$$\cos\,\varphi = -\frac{U_R^2 + U_L^2 - U^2}{2\,U_R\,U_L} = \frac{U^2 - U_R^2 - U_L^2}{2\,U_R\,U_L}$$

Der Winkel φ ergibt sich aus der inversen trigonometrischen Funktion

$$\varphi = \text{arc cos}\left(\frac{U^2 - U_R^2 - U_L^2}{2\,U_R\,U_L}\right)$$

Eine Standardfunktion für den Arcuscosinus ist nicht vorhanden. Als einzige inverse trigonometrische Funktion ist der Arcustanges als Standardfunktion vorhanden. Der Arcuscosinus läßt sich folgendermaßen durch den Arcustangens ersetzen:

$$\varphi = \text{arc tg}\,\frac{\sqrt{1 - \left(\dfrac{U^2 - U_R^2 - U_L^2}{2\,U_R\,U_L}\right)^2}}{\dfrac{U^2 - U_R^2 - U_L^2}{2\,U_R\,U_L}}$$

Zusammenfassung

Der Phasenwinkel φ einer Spule ergibt sich allgemein aus der Beziehung

$$\varphi = \text{arc tg}\,\frac{\sqrt{1 - \left(\dfrac{U^2 - U_R^2 - U_L^2}{2\,U_R\,U_L}\right)^2}}{\dfrac{U^2 - U_R^2 - U_L^2}{2\,U_R\,U_L}}$$

Diese Beziehung ist zu programmieren. Die einzugebenden Werte sind in diesem Fall:

$U = 13{,}5\ \text{V},\quad U_R = 10{,}7\ \text{V},\quad U_L = 6{,}3\ \text{V}$

Programmablaufplan

Der Programmablaufplan zeigt wie Beispiel 1 einen linearen Programmablauf. Die beiden Beispiele unterscheiden
sich im Prinzip nur durch den zu programmierenden For-
melausdruck, der hier etwas schwieriger und umfangreicher als im ersten Beispiel ist. Umfangreiche Formelaus-
drücke werden gern in einfachere Bestandteile zerlegt,
wie es der Programmablaufplan beispielhaft zeigt.

START

Lies:
U, U_R, U_L

$$A = \frac{U^2 - U_R^2 - U_L^2}{2\,U_R\,U_L}$$

$$B = \sqrt{1 - A^2}$$

$$\varphi = \text{arc tg}\,\frac{B}{A}$$

Drucke:
U, U_R, U_L, φ

STOP

Programm- und Ergebnisausdruck

```
10 REM PHASENWINKELBERECHNUNG
20 REM
30 READ U,U1,U2
40 LET A=(U↑2-U1↑2-U2↑2)/2/U1/U2
50 LET B=SQR(1-A↑2)
60 LET P=ATN(B/A)*180/3.14
70 PRINT "DER PHASENWINKEL IST FUER"
80 PRINT
90 PRINT "U=";U;"V","UR=";U1;"V","UL=";U2;"V"
100 PRINT
110 PRINT "PHI=";P;"GRAD"
120 DATA 13.5,10.7,6.3
130 END

DER PHASENWINKEL IST FUER

U= 13.5    V   UR= 10.7    V  UL= 6.3  V

PHI= 78.02245877   GRAD
```

Erläuterungen zu dem Programm

Anw. Nr.	Erläuterung
1∅	Programmüberschrift (vgl. 5.3).
2∅	Absatz im Programmausdruck (vgl. 5.3).
3∅	Eingabe mit Hilfe der READ-DATA-Anweisung (vgl. 10.2). Die Eingabeliste setzt sich aus den Variablen U, U1 und U2 zusammen. U1 steht dabei für U_R und U2 für U_L. Diese Umbenennung der Variablen ist notwendig, da BASIC-Variablen nur aus einem Buchstaben, evtl. gefolgt von einer Ziffer, aufgebaut werden dürfen (vgl. 6.3.1).
4∅	Der komplizierte Formelausdruck der Aufgabe wurde in zweckmäßige Teile zerlegt, wie es der Programmablaufplan zeigt. Ein Teil des Radikanden im Zähler des Bruches entspricht dem Ausdruck im Nenner des Bruches. Es genügt, den Ausdruck nur einmal zu berechnen und anschließend mit dem Ergebnis weiterzurechnen. Dazu wurde dieser Teil des Formelausdruckes der Hilfsvariablen A zugeordnet (vgl. Kap. 8).
5∅	Zur Berechnung des Zählers muß die Standardfunktion SQR herangezogen werden (vgl. 6.5). Das Argument dieser Standardfunktion stellt einen arithmetischen Ausdruck dar und muß in Klammern gesetzt der Standardfunktion folgen. Die Berechnung des Zählers führt zur Hilfsvariablen B.
6∅	Die Ergebnisvariable φ des gesamten Formelausdruckes erhielt den Variablennamen P. Der Wert der Ergebnisvariablen ergibt sich aus der Standardfunktion ATN (vgl. 6.5) mit dem angegebenen arithmetischen Ausdruck B/A im Argument. Da das Ergebnis im Bogenmaß ausgegeben werden würde (vgl. 6.5), das Gradmaß jedoch gewünscht ist, muß das Bogenmaß mit dem Faktor $180/\pi$ bzw. 180/3.14 multipliziert werden (Umkehrung der Gleichung in 6.5).
7∅	Ausgabeanweisung für einen erklärenden Text (vgl. 11.3).
8∅	Ausgabeanweisung für eine Leerzeile (vgl. 11.2.2).
9∅	Ausgabeanweisung für die Eingabewerte. Die Eingabewerte werden in der Ausgabe in einer Zeile zusammen mit den Variablennamen (Text) und den Einheiten (Text) ausgedruckt (vgl. 11.4).
1∅∅	Ausgabeanweisung für eine Leerzeile (vgl. 11.2.2).
11∅	Ausgabeanweisung für das Ergebnis. Das Ergebnis wird zusammen mit dem kommentierenden Text "Phi =" für den Winkel φ und der Einheit "Grad" ausgedruckt (vgl. 11.4).
12∅	Die DATA-Anweisung ordnet den Variablen U, U1 und U2 die Werte 13,5; 1∅,7 und 6,3 zu (vgl. 10.2). Mit diesen Werten wird das Programm durchgerechnet.
13∅	Diese Anweisung gibt das Programmende an.

Der Ergebnisausdruck besitzt die in den Anweisungen 7∅ bis 11∅ spezifizierte Form.

13.3. Wechselkursberechnung

Aufgabenstellung

Die Wechselkursberechnung einer Bank soll auf Datenverarbeitung umgestellt werden.
Dazu ist ein Programm zu schreiben. Zur schnellen Abwicklung am Schalter wird jedem
Wechselkurs eine Kennummer zugeordnet. Mit Hilfe einer am Schalter vorhandenen
Tastatur wird die Kennummer und der ausländische Währungsbetrag eingegeben. Auf
einem Bildschirm oder einem Ausdruck soll der ausländische und der zugehörige deutsche
Währungsbetrag angezeigt werden.

Es soll ein Programm erstellt werden, das die Möglichkeit bietet, folgende 6 fremden Wäh-
rungen in die deutsche Währung umzurechnen.

Kenn-Nr.	Währung	DM-Kurs
1	1 Am. Dollar	2,667
2	1 Engl. Pfund	5,457
3	1 Schw. Franken	0,978
4	1 Franz. Franken	0,5838
5	1 Öst. Schilling	0,1416
6	1 Holl. Gulden	0,9743

Die angegebenen DM-Kurse hatten am 29.6.1975 Gültigkeit. Sie sind vor Geschäftsbeginn
jeweils den neuen Gegebenheiten anzupassen.

Zusammenfassung

> Beliebige Beträge der oben angegebenen ausländischen Währungen sollen zu den jeweiligen Tages-
> kursen in die deutsche Währung umgerechnet werden.

Programmablaufplan

Bevor der Programmablaufplan gezeichnet wird, ist es empfehlenswert, sich Gedanken
über sinnvolle Abkürzungen für längere Begriffe zu machen, die später im Programmablaufplan verwendet werden sollen. Dies erspart viel Schreibarbeit. Die Abkürzungen
sollten dabei so gewählt werden, daß sie im Programm auch als Variablennamen dienen
können. Für dieses Beispiel wurden folgende Abkürzungen gewählt:

Begriff	Abk. im Programmablaufplan	Variablenname im Programm
Kennummer der Währung	N	N
Kurswert der ausländischen Währungseinheit	K	K
Ausländischer Währungsbetrag	A	A
Deutscher Währungsbetrag	D	D

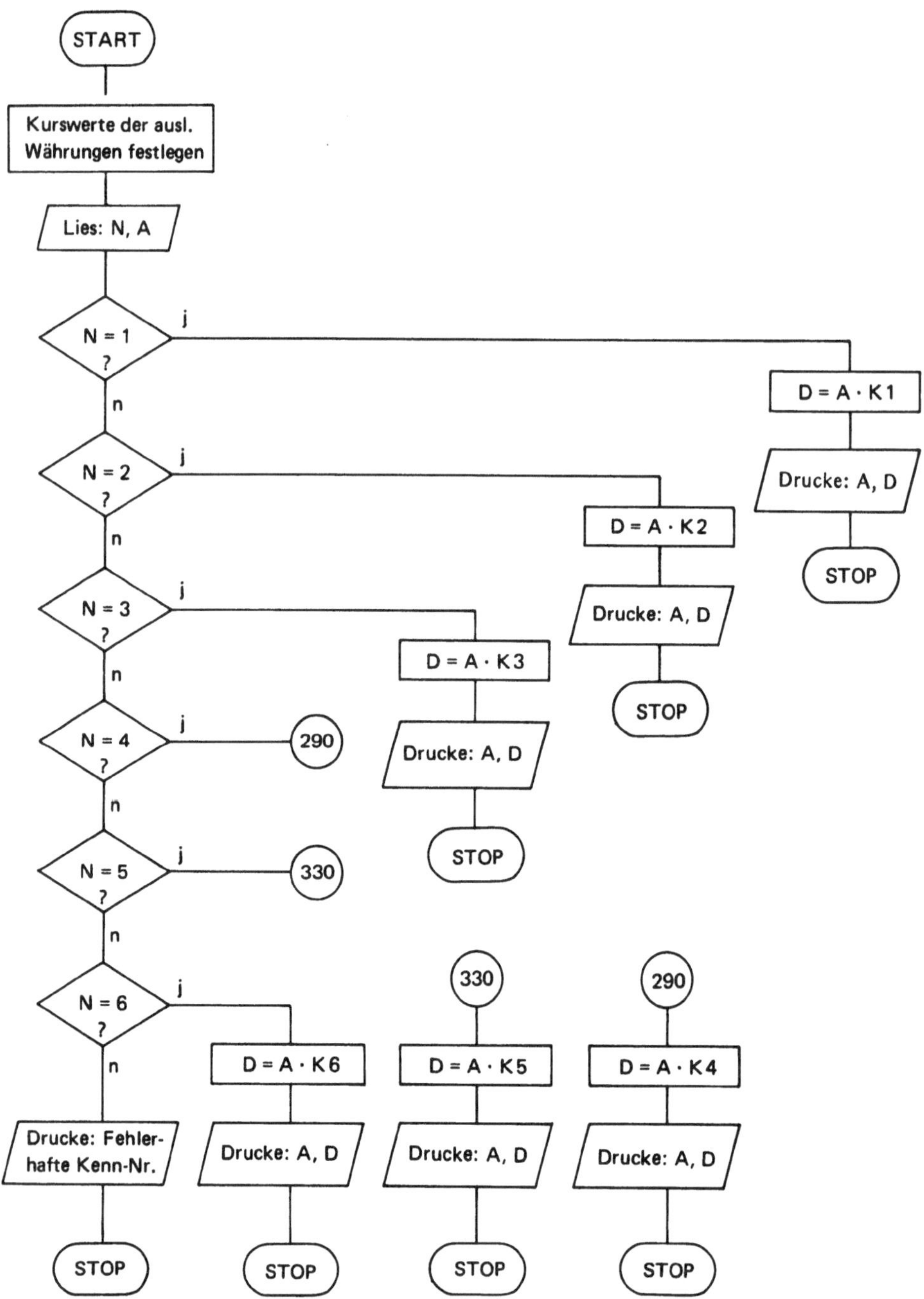

Erläuterungen zum Programmablaufplan

Wie der Programmablaufplan zeigt, werden zunächst die Kurswerte der ausländischen Währungseinheiten festgelegt. Die Kurse liegen somit festprogrammiert vor. Das Bedienungspersonal muß somit nur noch die Kennummer der Währung N sowie den ausländischen Währungsbetrag A eingeben. Je nach Kennummer der Währung werden zur Berechnung des deutschen Währungsbetrages D die jeweiligen Verzweigungen durchlaufen. Der deutsche Währungsbetrag ergibt sich dann aus dem Produkt des ausländischen Währungsbetrages mit dem jeweiligen Kurswert. Anschließend wird der ausländische und der deutsche Währungsbetrag ausgedruckt. Falls eine nicht definierte Kennummer eingegeben wird, erscheint der Ausdruck: Fehlerhafte Kenn-Nr..

Programm- und Ergebnisausdruck

```
10   REM  WECHSELKURSBERECHNUNG
20   REM
30   LET  K1=2.667
40   LET  K2=5.457
50   LET  K3=0.978
60   LET  K4=0.584
70   LET  K5=0.141
80   LET  K6=0.974
90   INPUT  N,A
100  IF  N=1  THEN  170
110  IF  N=2  THEN  210
120  IF  N=3  THEN  250
130  IF  N=4  THEN  290
140  IF  N=5  THEN  330
150  IF  N=6  THEN  370
160  PRINT  "FEHLERHAFTE  KENNUMMER
165  END
170  LET  D=A*K1
180  PRINT  A,"AM.DOLLAR"
190  PRINT  D,"DM"
200  END
210  LET  D=A*K2
220  PRINT  A,"ENGL.PFUND"
230  PRINT  D,"DM"
240  END
250  LET  D=A*K3
260  PRINT  A,"SCHW.FRANKEN"
270  PRINT  D,"DM"
280  END
290  LET  D=A*K4
300  PRINT  A,"FRANZ.FRANKEN"
310  PRINT  D,"DM"
320  END
330  LET  D=A*K5
340  PRINT  A,"OEST.SCHILLING"
350  PRINT  D,"DM"
360  END
370  LET  D=A*K6
380  PRINT  A,"HOLL.GULDEN"
390  PRINT  D,"DM"
400  END


100              AM.DOLLAR
266.7            DM
200              ENGL.PFUND
1091.4           DM
300              SCHW.FRANKEN
293.4            DM
400              FRANZ.FRANKEN
233.6            DM
500              OEST.SCHILLING
70.5             DM
600              HOLL.GULDEN
584.4            DM
FEHLERHAFTE  KENNUMMER
```

Erläuterungen zum Programm

Anw. Nr.	Erläuterung
2Ø bis 8Ø	Diese arithmetischen Zuordnungsanweisungen weisen den verschiedenen ausländischen Währungs*einheiten* den deutschen Kurswert zu. K1 gibt z. B. den Betrag in DM an, den man für einen am. Dollar bekommt. Die Ziffer 1 nach dem K (Kurs) stellt dabei die Kennziffer der Währung dar.
9Ø	Die Eingabe der Kennziffer N sowie die Eingabe des ausländischen Währungsbetrages A erfolgt mit Hilfe der INPUT-Anweisung (vgl. 10.3). Sie ermöglicht es, daß die Eingabewerte noch nicht während der Programmierung festgelegt werden müssen, wie bei der READ-DATA-Anweisung, sondern daß sie erst später, im jeweiligen Anwendungsfall, eingegeben werden müssen.
1ØØ bis 15Ø	Diese Verzweigungsanweisungen (vgl. 9.3) verzweigen je nach Größe des eingegebenen Wertes für die Kennummer N in verschiedene Programmzweige, in denen der deutsche Währungsbetrag aus dem ausländischen Währungsbetrag und dem jeweiligen Kurswert errechnet wird.
16Ø	Wird eine nicht definierte Kennummer eingegeben, wird der Text „Fehlerhafte Kennummer" ausgegeben.
17Ø 21Ø 25Ø 29Ø 33Ø 37Ø	In diesen arithmetischen Zuordnungsanweisungen wird der deutsche Währungsbetrag D aus dem ausländischen Währungsbetrag A und dem jeweiligen Kurswert K_n in den jeweiligen Programmzweigen berechnet.
18Ø 22Ø 26Ø 3ØØ 34Ø 38Ø	Der ausländische Währungsbetrag wird in einer Zeile zusammen mit dem Namen der zugehörigen Währung ausgegeben.
19Ø 23Ø 27Ø 31Ø 35Ø 39Ø	Der deutsche Währungsbetrag wird in der nächsten Zeile zusammen mit dem Text „DM" ausgegeben.

Der Ergenisausdruck zeigt beispielhaft den Fall, in dem nacheinander die Kennziffern 1, 2, 3, 4, 5, 6 und 7 für verschiedene ausländische Währungsbeträge eingegeben werden. Der Bankangestellte kann mit Hilfe des Programmes ohne Schwierigkeiten sofort ablesen, wieviel DM dem Kunden für seine Devisen auszuhändigen sind. Ferner wird der Bankangestellte auf fehlerhafte Eingaben aufmerksam gemacht.

13.4. Berechnung von quadratischen Gleichungen

Aufgabenstellung

In vielen Bereichen der Naturwissenschaft und Technik müssen quadratische Gleichungen gelöst werden. Sie lassen sich alle auf die Form

$$ax^2 + bx + c = \emptyset$$

bringen. Es soll ein Programm geschrieben werden, das die Lösungen der quadratischen Gleichung für alle möglichen Werte von a, b und c ausgibt.

Problemformulierung

Die Wurzeln der quadratischen Gleichung ergeben sich nach dem Wurzelsatz von Vieta zu

$$x_{1/2} = -\frac{1}{2} \cdot \frac{b}{a} \pm \sqrt{\frac{1}{4}\frac{b^2}{a^2} - \frac{c}{a}}$$

Dabei kann man drei Fälle unterscheiden:

1. Fall: Der Radikand unter der Wurzel ist positiv. Dann gibt es zwei reelle Lösungen

$$x_1 = -\frac{1}{2} \cdot \frac{b}{a} + \sqrt{\frac{1}{4}\frac{b^2}{a^2} - \frac{c}{a}}$$

$$x_2 = -\frac{1}{2} \cdot \frac{b}{a} - \sqrt{\frac{1}{4}\frac{b^2}{a^2} - \frac{c}{a}}$$

2. Fall: Der Radikand unter der Wurzel ist Null. Dann gibt es nur eine reelle Lösung

$$x = -\frac{1}{2} \cdot \frac{b}{a}$$

3. Fall: Der Radikand unter der Wurzel ist negativ. Dann gibt es zwei konjugiert komplexe Lösungen

$$x_1 = -\frac{1}{2} \cdot \frac{b}{a} + i\sqrt{\frac{c}{a} - \frac{1}{4}\frac{b^2}{a^2}}$$

$$x_2 = -\frac{1}{2} \cdot \frac{b}{a} - i\sqrt{\frac{c}{a} - \frac{1}{4}\frac{b^2}{a^2}}$$

Dabei ist $i = \sqrt{-1}$ die imaginäre Einheit.

Zusammenfassung

Die oben angegebenen drei Fälle der Wurzeln einer quadratischen Gleichung sind zu programmieren.

Programmablaufplan

Erläuterungen zum Programmablaufplan

Zunächst werden die variablen Faktoren A,
B und C der quadratischen Gleichung eingelesen. Bei verzweigten Programmen empfiehlt
es sich, Ausgaben, die für alle Zweige gleicher-
maßen gelten, schon vor der Verzweigung auszudrucken. So kann die Ausgabe in jedem einzelnen Zweig eingespart werden. In den meisten Fällen wird es sich, wie hier im Beispiel,
um die Ausgabe der Eingabewerte handeln.
Daraufhin werden die Hilfsvariablen P und
Q berechnet. In Abhängigkeit vom Wert Q
findet man bekanntlich 3 verschiedene Lö-
sungstypen. Ist $Q < 0$, so erhält man zwei
komplexe Lösungen. Ist $Q > 0$, so findet
man zwei reelle Lösungen. Ist $Q = 0$, so gibt
es nur eine reelle Lösung. Bei der Abfrage,

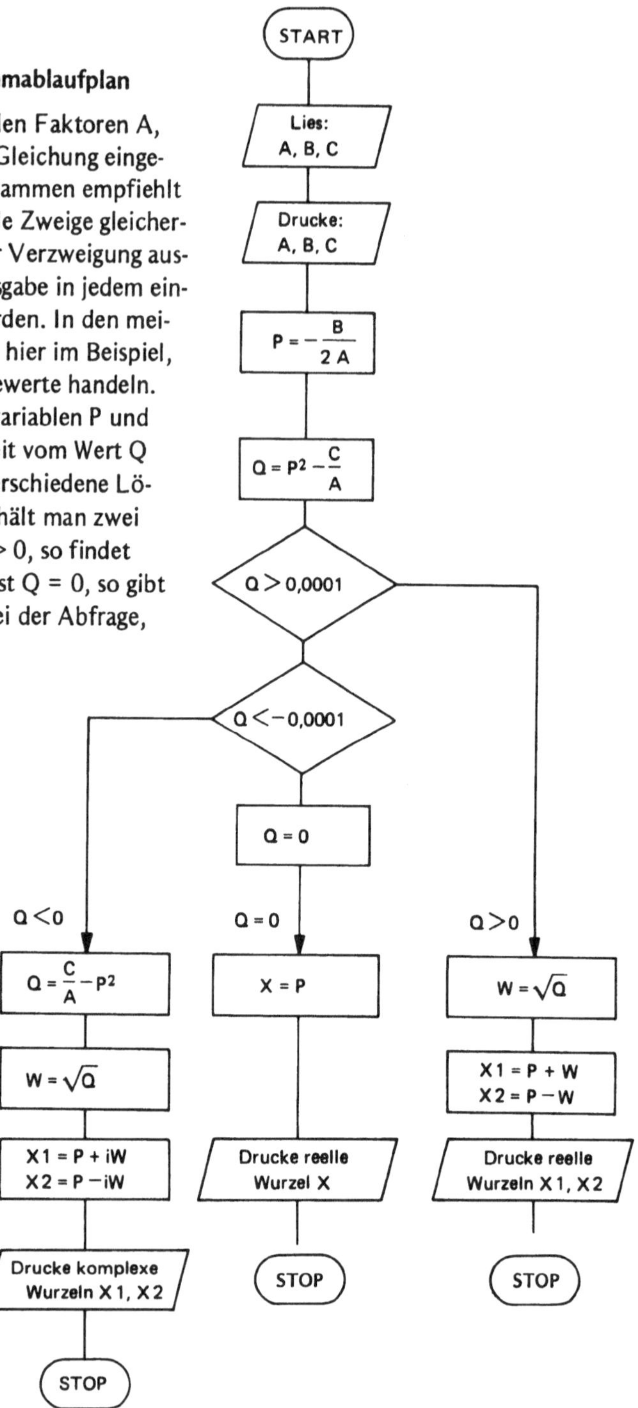

ob eine Variable den Wert Null hat, ist jedoch immer größte Vorsicht geboten, insbesondere, wenn sich dieser Wert aus vorangegangenen Rechnungen ergibt. Vielfach wird durch Näherungen, Rundungen usw. keine echte Null errechnet, sondern nur eine Zahl sehr nahe Null. Aus diesem Grunde wird in diesem Beispiel gezeigt, wie man sich in solchen Fällen helfen kann.

Mit Hilfe der beiden Verzweigungen wird in diesem Beispiel Q Null gesetzt, wenn der Wert von Q in den Schranken von $-0{,}0001$ und $+0{,}0001$ liegt. Jenachdem, ob Q größer, kleiner oder gleich Null ist, wird anschließend der zugehörige Lösungsweg im zugeordneten Zweig weiterverfolgt. Das Ergebnis wird ausgedruckt.

Programm- und Ergebnisausdruck

```
10 REM WURZELN DER QUADRATISCHEN GLEICHUNG A*X↑2+B*X+C=0
20 REM
30 INPUT A,B,C
40 PRINT "DIE QUADRATISCHE GLEICHUNG HAT FUER DIE WERTE"
50 PRINT "A=";A,"B=";B,"C=";C
60 LET P=-B/2/A
65 PRINT "DIE  LOESUNG"
70 LET Q=P↑2-C/A
80 IF Q>0.0001 THEN 110
90 IF Q<0.0001 THEN 110
100 LET Q=0
110 IF Q<0 THEN 210
120 IF Q=0 THEN 190
130 LET W=SQR(Q)
140 LET X1=P+W
150 LET X2=P-W
160 PRINT "X1=";X1
170 PRINT "X2=";X2
180 END
190 PRINT "X=";P
200 END
210 LET Q=C/A-P↑2
220 LET W=SQR(Q)
230 PRINT "X1=";P;"+I";W
240 PRINT "X2=";P;"-I";W
250 END

DIE QUADRATISCHE GLEICHUNG HAT FUER DIE WERTE
A= 1          B= 6          C= 9
DIE  LOESUNG
X=-3


DIE QUADRATISCHE GLEICHUNG HAT FUER DIE WERTE
A= 1          B= 7          C= 9
DIE  LOESUNG
X1=-1.697224362
X2=-5.302775638


DIE QUADRATISCHE GLEICHUNG HAT FUER DIE WERTE
A= 1          B= 5          C= 9
DIE  LOESUNG
X1=-2.5   +I 1.658312395
X2=-2.5   -I 1.658312395
```

Erläuterungen zu dem Programm

Die Programmierung der Anweisungen 1Ø bis 2ØØ ergibt sich im wesentlichen direkt
aus dem Programmablaufplan und den dazugehörigen Erläuterungen. Die Ausgabe von
Texten und dgl. wurde schon ausführlich in den vorangegangenen Programmen behandelt.
Auf eine Besonderheit dieses Programmes, die komplexen Lösungen der quadratischen
Gleichung, soll jedoch noch näher eingegangen werden.

Anw. Nr.	Erläuterung
21Ø	Für den Fall, daß die Lösung der quadratischen Gleichung zwei komplexe Lösungen liefert, muß der Ausdruck Q anders berechnet werden als wenn sich zwei reelle Lösungen ergeben würden. Diese Rechnung wird durch die angegebene arithmetische Zuordnungsanweisung ausgeführt. Der zuvor errechnete Wert von Q wird dabei durch Überschreiben im Speicher gelöscht.
23Ø und 24Ø	Diese beiden Ausgabeanweisungen dienen zur Ausgabe der komplexen Lösungen. Da der Real- und Imaginärteil getrennt berechnet wurden (P und W), müssen sie nun in der Ausgabe zu einem gemeinsamen Ausdruck zusammengefügt werden.
	Für die erste Lösung wird zunächst der Text "X1 =" gedruckt. Darauf soll der Real- und Imaginärteil der ersten komplexen Wurzel folgen. Zuerst erscheint die Variable P in der Ausgabeliste, da sie den Realteil angibt. Anschließend wird zur Kennzeichnung des folgenden Imaginärteils der Text " + I" gedruckt. Darauf folgt die Variable W, die stellvertretend für den Wert des Imaginärteils steht.
	Die zweite komplexe Lösung wird in ähnlicher Form ausgegeben.

Der auf das Programm folgende Ergebnisausdruck zeigt die Eingabewerte und die zugehörigen Ergebnisse für den Fall, daß

— zwei reelle Lösungen
— eine reelle Lösung bzw.
— zwei komplexe Lösungen auftreten.

13.5. Berechnung der Zuchtzeit von Bazillen

Aufgabenstellung

Ein Forscher züchtet auf einem Nährboden Bazillen, die sich durch Spaltung alle Stunden
teilen. Der Spaltungsfaktor gibt die Zahl der Bazillen an, die durch Spaltung aus einer
Bazille entstehen. Er sei in diesem Falle 5. Wann hat er die für einen Versuch benötigte
Anzahl von mindestens 50 Millionen Bazillen gezüchtet, wenn er am Anfang 5 Bazillen
auf den Nährboden bringt?

Problemformulierung

Mathematisch Interessierte werden erkennen, daß hier indirekt nach der Zahl der Glieder einer geometrischen Reihe gefragt ist, bis eines der Glieder einen bestimmten Wert überschreitet. Diese Aufgabe läßt sich jedoch auch ohne Kenntnis des mathematischen Hintergrundes mit Hilfe eines vergleichsweise einfachen Programms lösen. Diesen Weg zeigt der folgende Programmablaufplan. Auf eine Zusammenfassung wird wegen der einfachen Aufgabenstellung verzichtet.

Zu Beginn des Programmes müssen die Werte eingegeben werden, mit denen gerechnet werden soll. Es handelt sich hier um die Anzahl der Bazillen der 1. Generation (Abk.: G 1) ihrem Spaltungsfaktor (Abk.: F) und der gewünschten Mindestgrenze der Bazillen (Abk.: N). Der Stundenzähler für die Zuchtzeit sei I. Er wird am Anfang Null gesetzt $(I = 0)$.

Programmablaufplan

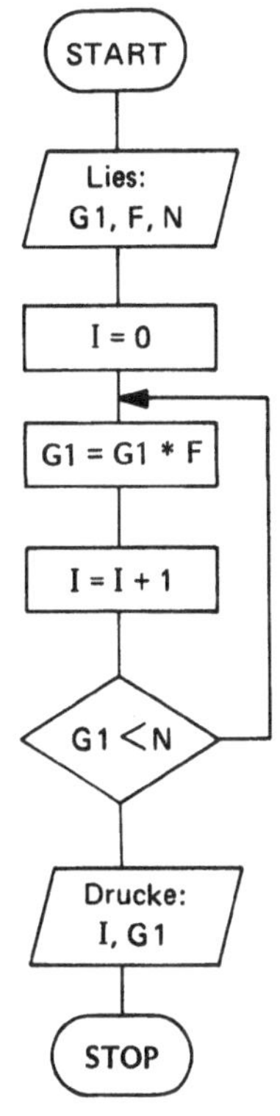

Erläuterungen zum Programmablaufplan

Nach der 1. Spaltung ergibt sich die Anzahl der Bazillen der 2. Generation durch Multiplikation der Anzahl der Bazillen der 1. Generation mit ihrem Spaltungsfaktor $(G 1 = G 1 * F)$. Daraufhin kann der Stundenzähler um eine Stunde erhöht werden $(I = I + 1)$. Wenn die Zahl der Bazillen kleiner als die gewünschte Zahl der Bazillen ist, muß eine weitere Spaltung abgewartet werden. Dies geschieht nach dem gleichen Algorithmus wie vorher. Durch seine Wiederverwendung kommt man zu der im Programmablaufplan ersichtlichen Schleife (9.3). Diese Schleife wird solange durchlaufen, bis die Zahl der gezüchteten Bazillen größer oder gleich der Zahl der gewünschten Bazillen ist. Dann wird die Züchtung abgebrochen. Die Zahl der gezüchteten Bazillen und die Zuchtzeit wird ausgegeben.

Programm- und Ergebnisausdruck

```
10 REM ZUCHTZEIT VON BAZILLEN
20 REM
30 INPUT G1,F,N
40 I=0
50 G1=G1*F
60 I=I+1
70 IF G1<N THEN 50
80 PRINT "NACH";I;"STUNDEN SIND";G1;"BAZILLEN GEZUECHTET"
90 END


NACH 11    STUNDEN SIND 244140625   BAZILLEN GEZUECHTET
```

Erläuterungen zum Programm

Die Anweisungen 5∅ bis 7∅ bilden den eigentlichen Schleifenbereich. Die Schleife wird hier durch eine Programmverzweigungsanweisung (vgl. 9.3) realisiert.

Anw. Nr.	Erläuterung
5∅	Die Zahl der Bazillen der jeweils neuen Generation ergibt sich durch Multiplikation der Zahl der Bazillen der vorangegangenen Generation mit dem zugehörigen Spaltungsfaktor. Dies bewirkt der arithmetische Ausdruck G1 = G1 * F. Auf das Schlüsselwort LET wurde in diesem Beispiel verzichtet, um zu zeigen, daß die benutzte DVA dieses Schlüsselwort nicht unbedingt zur Erkennung eines arithmetischen Ausdruckes benötigt (vgl. 8.5). Im 1. Schleifendurchlauf müssen die Anfangswerte der Variablen G1 und F bekannt sein, damit diese arithmetische Zuordnungsanweisung ausgeführt werden kann. Diese Anfangswerte werden mit Hilfe der Eingabeanweisung 3∅ eingelesen.
6∅	Die arithmetische Zuordnungsanweisung des Stundenzählers ist im Prinzip ähnlich aufgebaut, wie die vorangegangene arithmetische Zuordnungsanweisung. Der Anfangswert von I wird hier jedoch nicht eingelesen, sondern mit Hilfe einer weiteren arithmetischen Zuordnungsanweisung (4∅) vorher festgelegt. Auch hier wurde auf die Schlüsselworte LET verzichtet.
7∅	Die Programmverzweigungsanweisung wird zur Beendung der Schleifendurchläufe eingefügt (vgl. 9.1, 9.3). Solange G1 kleiner als N ist, wird die Schleife noch einmal weiter durchlaufen, indem zur Anweisung mit der Anweisungsnummer 5∅ verzweigt wird. Ist G1 jedoch größer oder gleich N, wird zum nächstfolgenden Befehl, der Ausgabeanweisung 9∅, übergegangen.

13.6. Raketenzuverlässigkeit

Aufgabenstellung

Die erste Stufe einer Rakete besteht aus 8 Raketenmotoren. Jeder dieser 8 Motoren besitzt eine Wahrscheinlichkeit von z. B. 0,95 dafür, daß er bei einem Raketenstart nicht versagt. Im Falle eines Motorversagens wird die Funktionstüchtigkeit der anderen Motoren nicht beeinträchtigt. Wie groß ist die Wahrscheinlichkeit für einen erfolgreichen Raketenstart, wenn mindestens 6 von 8 Motoren funktionieren müssen?

Problemformulierung

Die Wahrscheinlichkeit, daß ein Motor zuverlässig arbeitet, ist p_M. Die Wahrscheinlichkeit, daß ein Motor versagt, ist demnach $q_M = 1 - p_M$. Für den erfolgreichen Start müssen *mindestens* 6 Motoren funktionieren, d. h. es dürfen *höchstens* zwei Motoren versagen. Die Wahrscheinlichkeit für einen erfolgreichen Raketenstart setzt sich daher aus den Wahrscheinlichkeiten zusammen, daß

- *entweder genau* 6 Motoren funktionieren *und genau* zwei Motoren defekt sind,
- *oder genau* 7 Motoren funktionieren *und genau* 1 Motor defekt ist,
- *oder genau* 8 Motoren funktionieren *und genau* 0 Motoren defekt sind.

Da es für den Start gleichgültig ist, welcher der Motoren ausfällt bzw. intakt bleibt, sind alle Kombinationen intakter Motoren für einen erfolgreichen Start günstige Fälle für die gesuchte Wahrscheinlichkeit. Die Zahl der jeweils möglichen Kombinationen ist daher mit der Wahrscheinlichkeit der drei oben genannten Fälle zu multiplizieren. Die Zahl der Kombinationen ergibt sich allgemein für n Motoren, von denen i intakt bleiben müssen, zu

$$\binom{n}{i} = \frac{n!}{i! \, (n - i)!}$$

Dabei versteht man z. B. unter n! das Produkt aus $1 \cdot 2 \cdot 3 \cdots n$.

Die Wahrscheinlichkeit, daß genau 6 von 8 Motoren funktionieren, ist somit

$$p_6 = \binom{8}{6} p_M^{\,6} \cdot q_M^{\,2},$$

daß genau 7 von 8 Motoren funktionieren, ist

$$p_7 = \binom{8}{7} p_M^{\,7} \cdot q_M^{\,1}$$

und daß genau 8 von 8 Motoren funktionieren, ist

$$p_8 = \binom{8}{8} p_M^{\,8} \cdot q_M^{\,0}.$$

Nach den Regeln der Wahrscheinlichkeit ergibt sich aus diesen Einzelwahrscheinlichkeiten folgende Startwahrscheinlichkeit

$$p_R = p_6 + p_7 + p_8$$

Zusammenfassung

> Die vorher genannte Problematik läßt sich auch allgemeiner durch den binomischen Satz für die
> konstanten Wahrscheinlichkeiten p_M und q_M wie folgt ausdrücken:
>
> $$p_R = \sum_{i=k}^{n} \binom{n}{i} p_M^{\,i} (1 - p_M)^{n-i}$$
>
> p_R gibt die Erfolgswahrscheinlichkeit des Raktenstarts an. Die Erfolgswahrscheinlichkeit eines
> einzelnen Motors ist p_M. Dessen Versagenswahrscheinlichkeit ist $(1 - p_M) = q_M$. Von n Motoren
> müssen mindestens k Motoren für einen erfolgreichen Start funktionieren. Dies führt, wie im
> Beispiel gezeigt wurde, zu einer Summierung von mehreren Ausdrücken. Dieser Summenaus-
> druck wird durch das Zeichen Σ symbolisiert. Der unter dem Summenzeichen vermerkte
> Index i läuft von k bis zum Wert n, der über dem Summenzeichen steht. Praktisch geht man
> bei der Auflösung dieses Ausdruckes so vor, daß man zunächst den Index i in dem auf das
> Summenzeichen folgenden Ausdruck gleich k setzt. Dazu addiert man den gleichen Ausdruck,
> jedoch mit dem Index i = k + 1 usw.. Der Index i wird in dem Ausdruck solange um 1 erhöht,
> bis der Index den Wert n erreicht. Durch die Programmierung dieser allgemeinen Form
> können alle Probleme dieser Art ohne Änderung des Programms gelöst werden.

Programmablaufplan

Sinn des Programmablaufplanes ist u. a., das logische Konzept eines Programmes übersichtlich darzustellen. Bei umfangreichen Beispielen würde die erste Übersicht leiden,
wenn der Programmablaufplan zu detailliert wäre. Daher empfiehlt es sich in solchen
Fällen, zunächst einen gröberen Programmablaufplan zu erstellen. Spezielle Probleme des
Grobplanes werden, falls nötig, ergänzend in einem detaillierten Programmablaufplan behandelt. Diese Möglichkeit wird in diesem Beispiel aufgezeigt.

Nach Eingabe der Parameterwerte für PM, N und K werden diese Werte sofort zur
Dokumentation ausgedruckt. Eine Ausgabe an anderer Stelle des Programmes ist nicht zu
empfehlen, da der Wert K während des Programmablaufs verändert wird. Zur Berechnung

des Ausdrucks $\binom{N}{K} = \dfrac{N!}{K!\,(N-K)!}$ wird zunächst der Wert für M = N − K errechnet.

Anschließend werden die Fakultäten N!, K! und M! ermittelt. Dieser Vorgang wird im
nebenstehenden detaillierten Programmablaufplan exemplarisch für N! gezeigt. Nach der
Berechnung der genannten Fakultäten kann der Ausdruck $\binom{N}{K} PM^{K} (1 - PM)^{M}$ berechnet
werden. Dies ist das erste Glied des gewünschten Summenausdrucks. Das nächste Glied
der Summe gewinnt man, indem man den Index K um 1 erhöht und mit diesem Wert den
Ausdruck $\binom{N}{K} PM^{K} (1 - PM)^{M}$ erneut berechnet. Dieser Vorgang wird solange wiederholt,
bis der Index K den Wert N erreicht. Das Ergebnis der Summierung wird ausgedruckt.

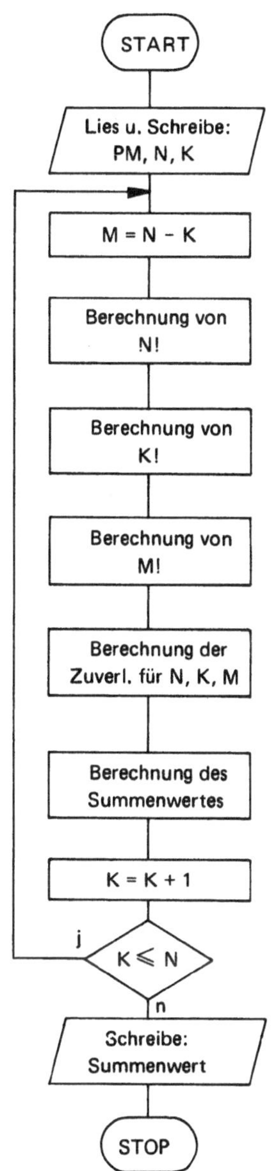

START
Lies u. Schreibe:
PM, N, K
M = N − K
Berechnung von
N!
Berechnung von
K!
Berechnung von
M!
Berechnung der
Zuverl. für N, K, M
Berechnung des
Summenwertes
K = K + 1
j
K ≤ N
n
Schreibe:
Summenwert
STOP

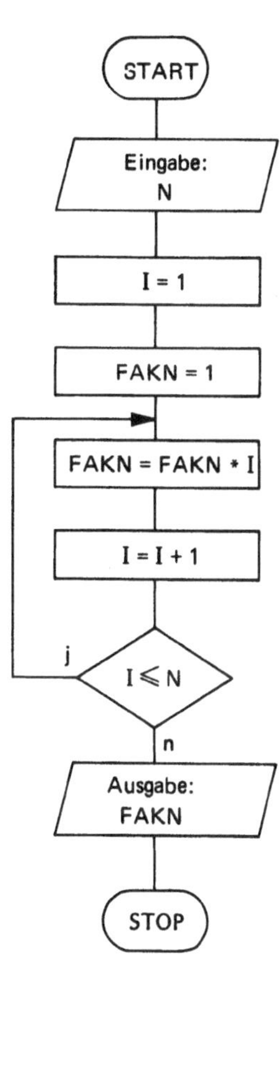

START
Eingabe:
N
I = 1
FAKN = 1
FAKN = FAKN * I
I = I + 1
j
I ≤ N
n
Ausgabe:
FAKN
STOP

Programm- und Ergebnisausdruck

```
10 REM ZUVERLAESSIGKEITSBERECHNUNG VON KVN SYSTEMEN
20 REM
30 PRINT "EIN KVN SYSTEM MIT"
40 INPUT K,N,P1
50 PRINT "K=";K,"N=";N
60 PRINT "UND DER MOTORZUVERLAESSIGKEIT PM=";P1
70 LET P3=0
80 LET M=N-K
90 LET F1=F2=F3=1
100 FOR X=1 TO N
110 LET F1=F1*X
120 NEXT X
130 FOR Y=1 TO K
140 LET F2=F2*Y
150 NEXT Y
160 FOR Z=1 TO M
170 LET F3=F3*Z
180 NEXT Z
190 P2=(F1/F2/F3)*(P1↑K)*((1-P1)↑M)
200 LET P3=P3+P2
210 LET K=K+1
220 IF K <= N THEN 80
230 PRINT "HAT EINE RESULTIERENDE ZUVERLAESSIGKEIT PR=";P3
240 END


EIN KVN SYSTEM MIT
K= 1            N= 8
UND DER MOTORZUVERLAESSIGKEIT PM= 0.95
HAT EINE RESULTIERENDE ZUVERLAESSIGKEIT PR= 1


EIN KVN SYSTEM MIT
K= 8            N= 8
UND DER MOTORZUVERLAESSIGKEIT PM= 0.95
HAT EINE RESULTIERENDE ZUVERLAESSIGKEIT PR= 0.663420431


EIN KVN SYSTEM MIT
K= 6            N= 8
UND DER MOTORZUVERLAESSIGKEIT PM= 0.95
HAT EINE RESULTIERENDE ZUVERLAESSIGKEIT PR= 0.994211782
```

Erläuterungen zum Programm

Der Programmablaufplan müßte eigentlich aus einer äußeren Schleife und drei inneren
Schleifen bestehen. Dadurch würde der Programmablaufplan, wie schon geschildert, für
einen ersten Überblick zu unübersichtlich werden. Die äußere Schleife zur Berechnung
des Summenwertes der Zuverlässigkeit wurde daher im linken Programmablaufplan dargestellt und im Programm durch eine Programmverzweigungsanweisung realisiert (vgl. 9.3).
Für die drei inneren Schleifen zur Berechnung der Fakultäten (N!, K!, M!) wurde rechts
von diesem Programmablaufplan *beispielhaft* ein weiterer Programmablaufplan zur Berechnung von N! angegeben. Die Berechnung von K! und M! erfolgt entsprechend. Diese
inneren Schleifen werden mit Hilfe von Schleifenanweisungen (9.4) realisiert.

Auf die Realisierung der inneren und äußeren Schleifen im Programm soll im folgenden näher eingegangen werden.

Anw. Nr.	Erläuterung
1ØØ bis 12Ø	Die Schleife zur Berechnung von N! (FAK N) beginnt mit dem Schlüsselwort FOR (Anw.Nr. 1ØØ) und endet mit dem Schlüsselwort NEXT (Anw.Nr. 12Ø). Die mehrfach auszuführende Anweisung ist die arithmetische Zuordnungsanweisung LET F 1 = F 1 * X. Die Variable X durchläuft dabei die Werte von X = 1 bis X = N mit der Schrittweite 1 (keine Angabe von STEP). Nach Abschluß aller N Schleifendurchläufe beinhaltet die Variable F 1 den Wert der Fakultät N (FAKN). Wird die Schleife das erste mal durchlaufen, müssen alle Glieder der rechten Seite der arithmetischen Zuordnungsanweisung LET F 1 = F 1 * X bekannt sein. Da die Laufvariable X in der Schleifenanweisung direkt durch Werte spezifiziert wird, muß nur noch ein Wert für die Variable F 1 vorgegeben werden. Dies geschieht mit Hilfe der Mehrfachzuweisung 9Ø (vgl. 8.5).
13Ø bis 15Ø	Schleife zur Berechnung von K! (FAKK). Sie verläuft in gleicher Weise wie die vorangegangene Berechnung von N!. Nach Abschluß aller K-Schleifendurchläufe beinhaltet die Variable F 2 den Wert der Fakultät K (FAKK).
16Ø bis 18Ø	Schleife zur Berechnung von M! (FAKM) in gleicher Weise wie in den vorangegangenen Berechnungen von N! und K!. Nach M Schleifendurchläufen beinhaltet die Variable F 3 den Wert der Fakultät M (FAKM).
19Ø	Berechnung der Zuverlässigkeit für die z. Z. geltenden Werte von N!, K! und M! mit Hilfe des Ausdrucks $\binom{N}{K} P_M{}^K (1 - P_M)^M$. Das Ergebnis wird der Variablen P2 zugeordnet.
2ØØ	Diese arithmetische Zuordnungsanweisung dient dazu, die Summierung der einzelnen Zuverlässigkeitswerte in den Schleifendurchläufen (äußere Schleife) vorzunehmen. Für den ersten Durchlauf des Programms wurde der Anfangswert von P3 mit Hilfe der arithmetischen Zuordnungsanweisung LET P3 = Ø (Anw.Nr. 7Ø) festgelegt.
21Ø	Erhöhung des Wertes der Schleifenvariablen K der äußeren Schleife um 1.
22Ø	Die Programmverzweigungsanweisung bewirkt einen Rücksprung zur Anweisung mit der Anweisungsnummer 8Ø, solange K kleiner oder gleich N ist. Dies führt zu entsprechend vielen Schleifendurchläufen. Durch eine Änderung des Wertes von K ändern sich in dem sich anschließenden Schleifendurchlauf auch die Werte der Variablen M, F1, F2, F3, P2 und P3. Wenn der Wert der Variablen K schließlich größer als N wird, kann das Ergebnis der Summierung, der Wert der Variablen P3, ausgedruckt werden. Dies ist der Wert der resultierenden Zuverlässigkeit.

Der Ergebnisausdruck besitzt die in den Anweisungen 3Ø, 5Ø, 6Ø und 23Ø spezifizierte Form. Es wurde hier beispielhaft für N = 8 Motoren mit einer Motorzuverlässigkeit von je 0,95 für drei Werte von K die resultierende Motorzuverlässigkeit errechnet. Die Rechnung zeigt, daß die Startwahrscheinlichkeit ca. 66 % beträgt, wenn alle 8 Motoren dazu benötigt werden. Die Startwahrscheinlichkeit vergrößert sich auf ca. 99 %, wenn nur 6 von 8 Motoren zum Start benötigt werden und sie steigert sich auf ca. 100 %, wenn nur 1 von 8 Motoren dazu erforderlich ist.

13.7. Bremswegberechnung

Aufgabenstellung

Der Fahrer eines Autos kennt nur die Geschwindigkeit und das Bremsvermögen seines
eigenen Fahrzeuges. Er sollte sich daher in seiner Fahrweise so einrichten, daß sein Bremsweg kleiner oder höchstens gleich dem Abstand zu einem vorherfahrenden Fahrzeug ist.
Auf diese Weise können Auffahrunfälle vermieden werden. Zur Verdeutlichung, wie stark
der Bremsweg mit steigender Geschwindigkeit wächst, soll der Bremsweg eines Autos als
Funktion der Geschwindigkeit in Form einer Tabelle dargestellt werden. Der Bremsweg
soll dazu in Schritten von 10 km/h für den Geschwindigkeitsbereich von 0 bis 200 km/h
berechnet werden. Als Bremsverzögerung des Autos auf trockener Straße wird $b = 5$ m/s^2
angenommen.

Problemformulierung

Aus der Bewegungslehre sind für gleichmäßig beschleunigte Bewegungen folgende Gleichungen bekannt:

$$s_B = \frac{1}{2} bt^2 \tag{1}$$

$$v = b \cdot t \tag{2}$$

Gleichung (1) gibt den Bremsweg s_B als Funktion der Bremsverzögerung b und der Bremszeit t an. Die Bremszeit ist jedoch nicht bekannt. Sie kann mit Hilfe der Gleichung (2) aus
Geschwindigkeit v und Bremsverzögerung b wie folgt ermittelt werden:

$$t = \frac{v}{b}$$

Setzt man diese Zeit in Gleichung (1) ein, so ergibt sich der Bremsweg aus den dem Fahrer
bekannten Größen v und b zu

$$s_B = \frac{v^2}{2b}$$

Zusammenfassung

> Der Bremsweg eines Autos ergibt sich aus der Beziehung
>
> $$s_B = \frac{v^2}{2b}$$
>
> Diese allgemeine Beziehung ist zu programmieren. Eingabewerte sind in diesem Falle $b = 5$ m/s^2;
> $v = 0$ bis 200 km/h mit der Schrittweite von 10 km/h.

Programmablaufplan

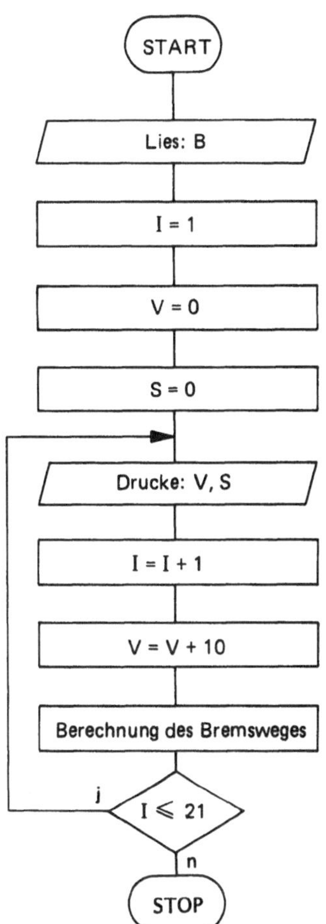

Erläuterungen zu dem Programmablaufplan

Zunächst wird die Bremsverzögerung (Abk.: B) eingegeben. Die gewünschten Geschwindig-
keitswerte (Abk.: V) werden hingegen im Programm mithilfe einer Schleife erzeugt. Mit
diesen Werten kann anschließend der Bremsweg (Abk.: S) berechnet werden.

Wie in den Schleifen der vorangegangenen Beispiele sind auch hier vor Schleifenbeginn
Anfangswerte zu setzen. Der Schleifenzähler (Abk.: I) wird am Anfang auf Eins, die
Geschwindigkeit und der Bremsweg auf Null gesetzt. Damit die auszugebende Tabelle
mit den Anfangswerten beginnt, folgt eine Ausgabe dieser Werte. Daraufhin kann der
Schleifenzähler um 1 und die Geschwindigkeit entsprechend der Aufgabenstellung um
10 erhöht werden. Für diese Geschwindigkeit wird anschließend der Bremsweg berechnet.
Solange der Wert des Schleifenzählers kleiner oder gleich 21 ist, werden die neu er-

rechneten Werte der Geschwindigkeit und des zugehörigen Bremsweges ausgegeben und ein neuer Rechenzyklus beginnt. Sobald der Wert des Schleifenzählers größer als 21 ist, wird die Berechnung abgebrochen, da nur Geschwindigkeiten bis zu 200 km/h betrachtet werden sollen.

Programm- und Ergebnisausdruck

```
10 REM BREMSWEGBERECHNUNG
20 REM
30 INPUT B
33 PRINT "BREMSVERZOEGERUNG B=";B;"M/S↑2"
36 PRINT
40 PRINT "GESCHW. KM/H","BREMSWEG IN M"
50 LET V=S=0
60 LET I=1
70 PRINT V,S
80 LET I=I+1
90 LET V=V+10
100 LET S=((V/3.6)↑2)/2/B
110 IF I <= 21 THEN 70
120 END
```

```
BREMSVERZOEGERUNG B= 5     M/S↑2



GESCHW. KM/H      BREMSWEG IN M
  0                 0
  10                0.771604938
  20                3.086419753
  30                6.944444444
  40                12.34567901
  50                19.29012346
  60                27.77777778
  70                37.80864198
  80                49.38271605
  90                62.5
  100               77.16049383
  110               93.36419753
  120               111.1111111
  130               130.4012346
  140               151.2345679
  150               173.6111111
  160               197.5308642
  170               222.9938272
  180               250
  190               278.5493827
  200               308.6419753
```

Erläuterungen zu dem Programm

Anw. Nr.	Erläuterung
5∅	Mehrfachzuweisung für die Variablen V und S am Anfang der Schleife.
6∅	Schleifenvariable I am Anfang der Schleife
7∅	Ausgabeanweisung für die Variablen V und S. Die Werte, die diese Variablen annehmen, sollen für die Schleifendurchläufe in Form einer Tabelle ausgedruckt werden. Hier wurde die einfachste Möglichkeit, das Standard-Spaltenformat (Komma als Listentrennzeichen), gewählt.
8∅	Erhöhung des Wertes der Schleifenvariablen I um 1.
9∅	Erhöhung des Wertes der Geschwindigkeit V um 1∅.
1∅∅	Der Bremsweg wird mithilfe dieser arithmetischen Zuordnungsanweisung berechnet. Da die Geschwindigkeit in km/h eingegeben wird, der Bremsweg jedoch in m angegeben werden soll, muß die Geschwindigkeit in m/s umgerechnet werden. Den Umrechnungsfaktor erhält man wie folgt: $$\frac{km}{h} = \frac{1000\ m}{3600\ s} = \frac{1}{3,6}\frac{m}{s}$$
11∅	Diese Programmverzweigungsanweisung bricht die Schleifendurchläufe ab, wenn eine Geschwindigkeit von 200 km/h erreicht ist.

Der Ergebnisausdruck zeigt die in den Anweisungen 33, 36, 40 und 7∅ spezifizierte Form. Die Rechnung zeigt, daß die Regel „Bremswegabstand gleich Tachoanzeige" eigentlich nur bei 130 km/h gilt. Wendet man diese Regel für Geschwindigkeiten unter 130 km/h an, so liegt man auf der sicheren Seite. Für Geschwindigkeiten über 130 km/h wird die Anwendung dieser Faustregel jedoch kritisch.

13.8. Bremswegkurve

Aufgabenstellung

Für die vorangegangene Bremswegberechnung (Aufgabe 13.7) sollen die berechneten Werte neben der Tabelle grafisch in Form einer Kurve dargestellt werden.

Die Problemformulierung und der Programmablaufplan kann im wesentlichen aus der vorangegangenen Aufgabe übernommen werden.

Programm- und Ergebnisausdruck

```
10  REM BREMSWEGKURVE
20  REM
30  INPUT B
40  PRINT "BREMSVERZOEGERUNG B=";B;"M/St2"
50  PRINT
60  PRINT "V KM/H  S IN M  0.........100.......200.......300...    S"
63  PRINT "                          ."
66  PRINT "                          ."
70  LET V=S=0
80  LET I=1
90  LET I=I+1
100 LET V=V+30
110 LET S=((V/3.6)t2)/2/B
115 LET S=INT(S+0.5)
120 PRINT V;TAB(8);S;TAB(16+S/10);0
123 PRINT "                          ."
126 PRINT "                          ."
130 IF I <= 7 THEN 90
140 PRINT
150 PRINT "                        V"
160 END
```

```
BREMSVERZOEGERUNG B= 5    M/St2

V KM/H  S IN M  0.........100.......200.......300...    S
                          .
                          .
  30       7      0
                          .
                          .
  60      28          0
                          .
  90      63              0
                          .
 120     111                   0
                          .
 150     174                       0
                          .
 180     250                           0
                          .
 210     340                               0
                          .
                          .
                          V
```

Erläuterungen zum Programm

Anw. Nr.	Erläuterung
1∅ bis 5∅	Diese Anweisungen entsprechen den Anweisungen der vorangegangenen Aufgabe.
6∅	Mit Hilfe dieser Anweisung werden die Überschriften für die Tabelle (V in km/h und S in m) sowie die S-Koordinate (abhängige Veränderliche der Funktion S = f(V)!) ausgedruckt. Bei der Wahl der Länge der Tabellenüberschrift ist zu berücksichtigen, daß die Zahlenwerte im variablen Spaltenformat ausgedruckt werden sollen, um zusätzlich Platz für die grafische Darstellung zu gewinnen. Die S-Koordinate beginnt mit dem Nullpunkt. Jeder folgende Punkt steht symbolisch für eine Länge von 10 m. Die Werte 100, 200 und 300 m wurden direkt ausgedruckt. Dabei gibt die erste Ziffer die genaue örtliche Lage der jeweiligen Länge an. Der Ausdruck wird abgeschlossen mit dem Buchstaben S, der die Koordinate kennzeichnet.
63 und 66	Diese beiden Ausgabeanweisungen drucken zwei Punkte für die V-Koordinate (unabhängige Veränderliche der Funktion S = f(V)!). Jeder Punkt steht symbolisch für eine Geschwindigkeit von 10 km/h. Werte wurden bewußt nicht in der V-Koordinate ausgedruckt, da diese Werte Felder beanspruchen würden, die mit der Druckposition für Kurvenpunkte zusammenfallen können.
7∅ bis 9∅	Diese Anweisungen entsprechen wieder den Anweisungen der vorangegangenen Aufgabe (Anw. Nr. 5∅, 6∅, 8∅).
1∅∅	Die Geschwindigkeiten wurden hier, im Gegensatz zur vorangegangenen Aufgabe (Anw. Nr. 9∅), in Schritten von 30 km/h erhöht, um die grafische Darstellung nicht mit zuviel Kurvenpunkten zu versehen.
11∅	Diese Anweisung entspricht wieder der Anweisung der vorangegangenen Aufgabe (Anw. Nr. 1∅∅).
115	Wie der Ausdruck in der vorangegangenen Aufgabe zeigt, wurde der Bremsweg S auf 7 Stellen hinter dem Komma angegeben. Dies ist nicht erforderlich. Um Platz für die grafische Darstellung zu gewinnen, wurden die Werte von S mit Hilfe dieser Anweisung auf- bzw. abgerundet (vgl. 6.5).
12∅	Mit Hilfe dieser Ausgabeanweisung werden die Tabellenwerte für die Variablen V und S sowie der zugehörige Kurvenpunkt ausgedruckt. Die Tabulatorfunktion TAB (8) schreibt vor, daß der Wert der Variablen S stets nach 8 Druckstellen vom linken Rand entfernt ausgedruckt wird. Zum Ausdruck des Kurvenpunktes muß der Schreibkopf mit Hilfe der Tabulatorfunktion richtig positioniert werden. Ausgangspunkt ist dabei die V-Koordinate (16 Druckstellen vom linken Rand). Diese Druckposition muß noch um den Wert des jeweiligen Bremsweges erhöht werden. Da der Bremsweg in dem angegebenen Geschwindigkeitsbereich Werte von ca. 300 m annimmt und somit 300 Druckstellen erfordern würde, obwohl nur max. 72 Druckstellen zur Verfügung stehen, wurde die Geschwindigkeit zur Angabe der Druckposition durch den Faktor 1∅ dividiert. Bei dem Ausdruck der S-Koordinate (Anw. Nr. 60) wurde dieser Faktor schon berücksichtigt (jeder Punkt entspricht 10 m!). Nach der Positionierung des Schreibkopfes kann der Kurvenpunkt gedruckt werden. Dazu wurde hier die Zahl Null gewählt. Verbindet man die Mittelpunkte der Nullen, so erhält man den gewünschten Kurvenzug.

Anw.Nr.	Erläuterung
123 und 126	Diese beiden Ausgabeanweisungen drucken wieder zwei Punkte für die V-Koordinate. Sie markieren jeweils 10 km/h-Schritte. Da die Geschwindigkeit in der Rechnung um jeweils 30 km/h erhöht wird, sind diese Punkte erforderlich.
13Ø	Da die Geschwindigkeit in 30 km/h-Schritten erhöht wird (Anw.Nr. 1ØØ), sind nur noch 6 Schleifendurchläufe erforderlich, um ca. 200 km/h zu erreichen.
150 und 160	Diese Anweisungen dienen zur Kennzeichnung der V-Koordinate.

Der Ergebnisausdruck zeigt die gewünschte Form.

Dieses Beispiel zeigt, daß mit wenig Zusatzaufwand neben einer Tabelle gleichzeitig der Kurvenzug ausgegeben werden kann.

13.9. Numerische Integration

Aufgabenstellung

Bei der Aufladung eines Kondensators mißt man zu den in der Tabelle angegebenen Zeiten t folgende Stromstärken I:

t [s]	0,0	0,1	0,2	0,3	0,4	0,5	0,6	0,7	0,8	0,9	1,0
I [mA]	1,000	0,741	0,549	0,407	0,301	0,223	0,165	0,123	0,091	0,067	0,050

Es soll die Elektrizitätsmenge bestimmt werden, die der Kondensator nach einer Sekunde gespeichert hat.

Problemformulierung

Bei der Aufladung eines Kondensators ist die gespeicherte Elektrizitätsmenge Q gegeben

durch $Q = \int_{0}^{t} I \, dt$, wobei I die zeitlich veränderliche Stromstärke darstellt.

Diese Integration läßt sich jedoch nicht ohne weiteres durchführen, da der Strom nicht als mathematische Funktion der Zeit vorliegt. Es ist nur eine Meßreihe bekannt, die sich grafisch in Form einer Kurve darstellen läßt. Bekanntlich ergibt sich das Integral auch aus der Fläche unter der Kurve. Diese Fläche läßt sich bei einer punktförmig vorgegebenen Kurve näherungsweise mit Hilfe der sog. numerischen Integration ermitteln.

Die Mathematik bietet als Verfahren die Rechteckregel, die Trapezregel, die Tangenten-
regel und die Simpson'sche Regel an. Hier soll die Trapezregel verwendet werden, die zu
recht guten Näherungen führt. Die Fläche unter der gemessenen Kurve läßt sich aus einer
Folge von Trapezen zusammengesetzt denken. Addiert man die Flächen der Trapeze, so
erhält man näherungsweise die Lösung des Integrals. Der Algorithmus ergibt sich aus der
Skizze wie folgt:

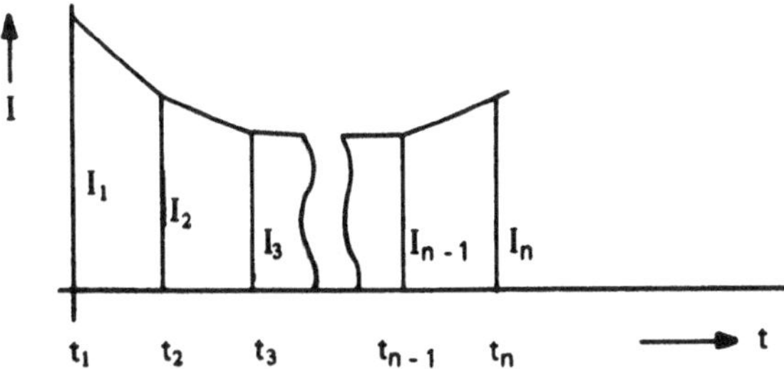

$$F = \frac{I_1 + I_2}{2} \cdot (t_2 - t_1) + \frac{I_2 + I_3}{2}(t_3 - t_2) + \ldots + \frac{I_{n-1} + I_n}{2}(t_n - t_{n-1}) = Q$$

Dieser Algorithmus läßt sich auf jede beliebige Meßreihe anwenden. Das Programm ist
daher universell zur numerischen Integration geeignet.

Es soll an dieser Stelle nicht unerwähnt bleiben, daß sich auch komplizierte Funktionen
mit Hilfe dieses Programms integrieren lassen, indem man, per Programm, an einigen
Stellen die Funktion berechnet. Man erhält so eine Wertetabelle. Die Integration verläuft
dann nach dem obigen Schema.

Zusammenfassung

> Die numerische Integration nach der Tapezregel folgt der Beziehung
>
> $$F = \frac{I_1 + I_2}{2}(t_2 - t_1) + \frac{I_2 + I_3}{2}(t_3 - t_2) + \ldots + \frac{I_{n-1} + I_n}{2}(t_n - t_{n-1})$$
>
> Der Wert des Integrals F ergibt sich nach der obigen Beziehung aus den n Werten der unab-
> hängigen Variablen t und den zugehörigen Meßwerten der abhängigen Variablen I. Die Ein-
> gabewerte sind der Aufgabenstellung zu entnehmen.

Programmablaufplan

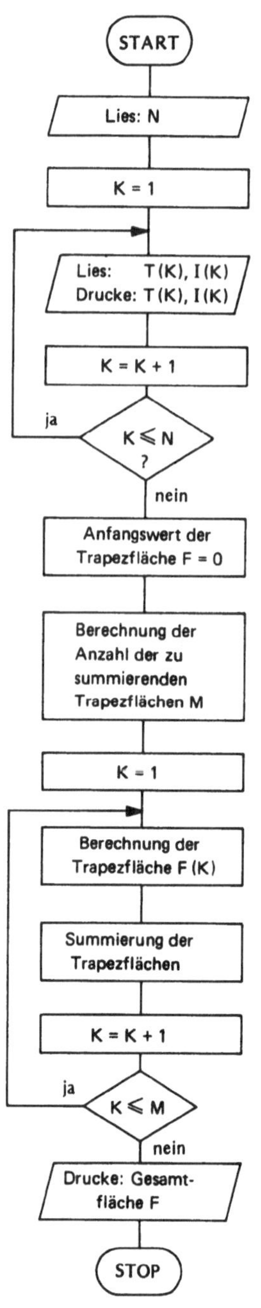

Erläuterung zu dem Programmablaufplan

Zunächst wird bei einer allgemeingültigen Programmierung die Anzahl N der zu erwartenden Meßwertpaare in die DVA eingegeben. Daraufhin werden die Meßwertpaare, für die vorher Felder vereinbart werden (vgl. 6.3.4), selbst eingeben. Die Eingabe erfolgt mit Hilfe einer Schleife. Dadurch wird dem Programmierer die mühsame Indizierung der Variablen abgenommen.

Bei N Meßwerten von Strom und Zeit lassen sich $M = N - 1$ Trapezflächen berechnen. Diese Trapezflächen werden nacheinander mit Hilfe einer weiteren Programmschleife nach der angegebenen Formel berechnet und aufsummiert. Das Ergebnis der Summation wird nach Abschluß der Rechnung als Gesamtfläche ausgedruckt.

Programm- und Ergebnisausdruck

```
10 REM NUMERISCHE INTEGRATION
11 REM
18 PRINT "DIE EINGABEWERTE SIND"
19 PRINT
20 PRINT
21 PRINT "T IN SEC","I IN 10↑-3 A"
22 PRINT
30 DIM T[20],I[20],F[20]
40 INPUT N
50 FOR K=1 TO N
60 INPUT T[K],I[K]
70 PRINT T[K],I[K]
80 NEXT K
90 LET F=0
100 LET M=N-1
110 FOR K=1 TO M
120 LET F[K]=(I[K]+I[K+1])*(T[K+1]-T[K])/2
130 LET F=F+F[K]
140 NEXT K
145 PRINT
150 PRINT "DIE INTEGRATION DER EINGABEWERTE ERGIBT F=";F
160 END


DIE EINGABEWERTE SIND

T IN SEC        I IN 10↑-3 A

0               1
0.1             0.741
0.2             0.549
0.3             0.407
0.4             0.301
0.5             0.223
0.6             0.165
0.7             0.123
0.8             0.091
0.9             0.067
1               0.05

DIE INTEGRATION DER EINGABEWERTE ERGIBT F= 0.3192
```

Erläuterungen zum Programm

Anw.Nr.	Erläuterung
18 bis 22	Diese Ausgabeanweisungen dienen zur Erläuterung der Eingabewerte.
30	Die DIM-Vereinbarung (vgl. 6.3.4) dient dazu, sowohl für die Eingabefelder T und I sowie für das Ergebnisfeld F ausreichend Speicherplätze vorzusehen. Es wurde davon ausgegangen, daß der Verlauf jeder Funktion mit 20 Funktionswerten ausreichend beschrieben werden kann. Daher wurde der Wert 20 als Indexmaximalwert für alle Felder gewählt.

Anw.Nr.	Erläuterung
4$\emptyset$	Die tatsächliche Zahl der einzugebenden Meßwertpaare wird durch diese Eingabeanweisung festgelegt. In diesem Beispiel ist N = 11.
5$\emptyset$ bis 8$\emptyset$	Die einzugebenden Wertepaare werden mit Hilfe dieser Schleifenanweisung eingelesen und sofort zur Dokumentation ausgedruckt. Die Variable N (Anw.Nr. 4$\emptyset$) bestimmt dabei die Zahl der Schleifendurchläufe.
9$\emptyset$	Mit Hilfe dieser arithmetischen Zuordnungsanweisung wird die Speicherzelle mit der symbolischen Adresse F gelöscht. Damit wird sichergestellt, daß diese Speicherzelle, in der die Trapezflächen aufsummiert werden sollen, keinen Wert aus evtl. vorangegangenen Rechnungen enthält.
11$\emptyset$ bis 14$\emptyset$	Mit Hilfe dieser Schleifenanweisungen werden die einzelnen Trapezflächen berechnet (Anw.Nr. 12$\emptyset$) und aufsummiert.
15$\emptyset$	Diese Ausgabeanweisung dient zur Ausgabe der Gesamtfläche zusammen mit einem erklärenden Text.

13.10. Simulation logischer Schaltungen

Es gibt eine Reihe von Problemen, z.B. in der Schaltalgebra, die zu ihrer Bewältigung zweiwertige Größen benötigen. Die Verknüpfung dieser Größen fällt in das Gebiet der Booleschen Algebra.[1])

Boolesche Aussagen stellen weder den Inhalt noch die Bedeutung von Aussagen fest, sondern untersuchen, ob sie wahr oder falsch sind.

Boolesche Ausdrücke sind, ähnlich wie arithmetische Ausdrücke bei arithmetischen Zuordnungsanweisungen, Teil der Booleschen Zuordnungsanweisungen. Sie bestehen aus *Booleschen Konstanten* und *Variablen*, die mit Hilfe von *Booleschen Operatoren* verknüpft sein können.

Wie dieses Beispiel zeigen soll, lassen sich auf vielen DVA's Probleme der Booleschen Algebra mithilfe von BASIC-Programmen lösen. Da dieser Problembereich bislang nicht im Buch behandelt wurde, soll an dieser Stelle kurz auf Boolesche Konstanten und Variablen sowie Boolesche Operatoren eingegangen werden.

● Eine *Boolesche Konstante* hat einen festen Wahrheitswert, der entweder wahr oder falsch sein kann.

In BASIC werden diese Wahrheitswerte folgendermaßen ausgedrückt:

Bedeutung	BASIC
wahr	1
falsch	0

---

[1]) G. Boole (1815 – 1864); Engl. Mathematiker. Einer der Begründer der mathematischen Logik.

- *Boolesche Variablen* sind durch symbolische Namen bezeichnete Größen, denen erst im Verlauf der Rechnung Wahrheitswerte zugeordnet werden.

  Boolesche Variablennamen werden wie arithmetische Variablennamen gebildet (vgl. 6.3)

- *Boolesche Operatoren* geben die auszuführende Boolesche Operation an. Durch sie können mehrere Boolesche Aussagen zu neuen Aussagen zusammengesetzt werden.

  BASIC kennt drei Boolesche Operatoren.

Operation	Mathem. Symbol	BASIC
Negation	$-$ [1]	NOT
UND-Funktion	$\wedge$	AND
ODER-Funktion	$\vee$	OR

Rangordnung der arithmetischen und Booleschen Operatoren:

Funktionen	höchster Rang
**	
NOT	
* /	
+ −	
Vergleichsoperatoren	
AND	
OR	niedrigster Rang

Weiter gilt:

Gleichrangige Operatoren werden von links nach rechts behandelt. Klammerausdrücke haben Vorrang.

Aufgabenstellung

Logische Schaltungen können auf einer Datenverarbeitungsanlage nachgebildet werden. Dies bietet die Möglichkeit, das logische Konzept der Schaltung schnell und einfach vor der Realisierung zu prüfen. Für eine einfache Schaltung, dem sog. Halbaddierer, soll ein Programm entworfen werden, das das Verhalten des Halbaddierers nachbildet. Die Schaltung des Halbaddierers sieht folgendermaßen aus:

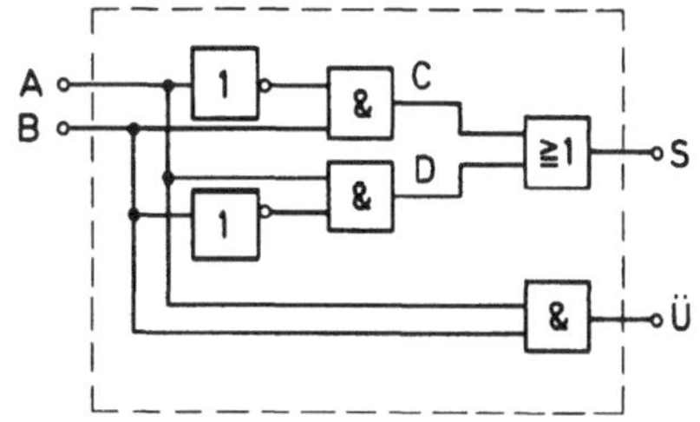

---

[1]) Querstrich über dem zu negierenden Ausdruck.

Problemformulierung

Logische Schaltungen sind, wie das Schaltbild zeigt, aus logischen Schaltkreisen aufgebaut. Man unterscheidet im wesentlichen folgende 3 Typen:[1])

UND – Gatter	Sie geben nur ein Ausgangssignal ab, wenn am Eingang E1 *und* am Eingang E2 ein Eingangssignal anliegt (UND-Funktion)
ODER – Gatter	Sie geben ein Ausgangssignal ab, wenn am Eingang E1 *oder* am Eingang E2 ein Eingangssignal anliegt (ODER-Funktion)
Inverter	Sie kehren den logischen Wert des Eingangssignals um. (Negation)

Der Wahrheitswert am Ausgang einer logischen *Schaltung* hängt von dem *Aufbau* der
logischen Schaltung und den Wahrheitswerten der Eingabe ab. Der logische Halbaddierer
gibt in Abhängigkeit von den Eingangsgrößen A und B die Summe S und den Übertrag
Ü als Ausgangsgröße ab.

Zusammenfassung

> Die obige logische Schaltung soll in einem Programm
> nachgebildet werden. Es ist nach den Wahrheitswerten
> S und Ü am Ausgang der Schaltung gefragt, wenn die
> Wahrheitswerte der Eingangsgrößen A und B gegeben
> sind.

Programmablaufplan

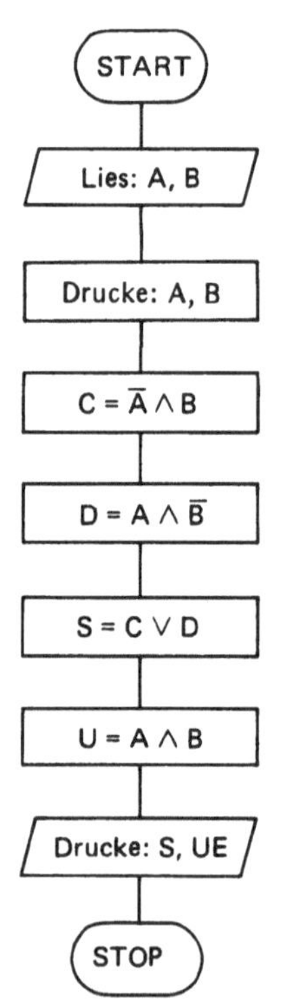

---

[1]) Funktionsglieder nach DIN 40 700 Teil 14.

Erläuterungen zu dem Programmablaufplan

Die logischen Größen der Eingangssignale werden eingelesen. Schrittweise werden die Ausgangsgrößen der einzelnen logischen Schaltkreise, vom Eingang her kommend, entwickelt. Diese Ausgangsgrößen können wieder Eingangsgrößen anderer logischer Schaltkreise sein, wie dies Beispiel zeigt. Außerdem wurden Inverter in diesem Beispiel einfach durch Inversion der Eingangssignale berücksichtigt.

Programm- und Ergebnisausdruck

```
10 REM SIMULATION LOGISCHER SCHALTUNGEN
20 REM
30 INPUT A,B
40 PRINT "EINGABE","A=";A,"B=";B
50 LET C= NOT A AND B
60 LET D=A AND  NOT B
70 LET S=C OR D
80 LET U=A AND B
90 PRINT "AUSGABE","S=";S,"UE=";U
100 END


EINGABE         A= 0          B= 0
AUSGABE         S= 0          UE= 0

EINGABE         A= 1          B= 0
AUSGABE         S= 1          UE= 0

EINGABE         A= 0          B= 1
AUSGABE         S= 1          UE= 0

EINGABE         A= 1          B= 1
AUSGABE         S= 0          UE= 1
```

Erläuterungen zu dem Programm

Anw.Nr.	Erläuterung
3∅	Eingabeanweisung für die Booleschen Variablen A und B.
4∅	Ausgabeanweisung für die eingegebenen Booleschen Variablen A und B zusammen mit einem erklärenden Text.
5∅ bis 8∅	Boolesche Zuordnungsanweisungen. Die Ausgangsgrößen der einzelnen logischen Schaltkreise werden hier schrittweise entwickelt.
9∅	Ausgabeanweisung für die Ergebnisvariablen S und U zusammen mit einem erklärenden Text.

Der Ergebnisausdruck zeigt für 4 Kombinationen von Eingabewerten das Ergebnis.

14. Lösungen der Übungsaufgaben

Aufgabe 6.1

Nr.	BASIC-Konstante	Ja	Nein	Begründung
1	13.3 E 99	0	⊗	In wissenschaftlicher Schreibweise ergibt sich die Konstante zu $1,33 \cdot 10^{100}$. Der Dezimalexponent ist somit größer als $+99$.
2	1.33 E 99	⊗	0	
3	Ø.ØØ 133 E - 99	0	⊗	In wissenschaftlicher Schreibweise ergibt sich die Konstante zu $1,33 \cdot 10^{-102}$. Der Dezimalexponent ist somit größer als -99.
4	+ 195	⊗	0	
5	1Ø.7 E 6.3	0	⊗	Der Exponent ist eine Dezimalzahl.
6	1,234	0	⊗	Als Dezimalzeichen ist nur der Dezimalpunkt erlaubt.
7	- Ø.1234 E - 17	⊗	0	
8	$\frac{6}{7}$	0	⊗	Für BASIC-Kontanten ist die Bruchschreibweise nicht erlaubt.

Aufgabe 6.2

Nr.	Variablenname	Ja	Nein	Begründung
1	C 1	⊗	0	
2	K 2 R	0	⊗	3 Zeichen
3	Q	⊗	0	
4	K /	0	⊗	2. Zeichen keine Ziffer
5	4 R	0	⊗	1. Zeichen kein Buchstabe 2. Zeichen keine Ziffer
6	A	⊗	0	
7	M 12	0	⊗	3 Zeichen
8	A A	0	⊗	2. Zeichen keine Ziffer
9	π	0	⊗	Kein Sonderzeichen
10	88	0	⊗	1. Zeichen kein Buchstabe

Aufgabe 6.3

Nr.	Mathem. Schreibw.	BASIC	Erläuterung
1	a_4	A (4)	Das 4. Element des eindimensionalen Feldes A bestimmt den Wert der indiz. Variablen a_4.
2	$x_{2,3}$	X (2,3)	Das Element in der 2. Zeile und der 3. Spalte des zweidimensionalen Feldes X bestimmt den Wert der indiz. Variablen $x_{2,3}$.
3	y_{k1}	Y (K1)	Der Wert der Variablen K1 bestimmt das Element des eindimensionalen Feldes Y und damit den Wert der indiz. Variablen y_{k1}.
4	$r_{i+3,5}$	R (I + 3,5)	Es handelt sich hier um ein Element eines zwei-dimensionalen Feldes. Die Zeile (Reihe) wird durch den arithmetischen Ausdruck I + 3 festgelegt. Ist das Ergebnis eine Dezimalzahl, wird nur der ganz-zahlige Teil des Ergebnisses berücksichtigt. Die Spalte des zweidimensionalen Feldes wird durch die Konstante 5 bestimmt.
5	x_{y_2}	X (Y2))	Hier wird als Index eine indiz. Variable verwendet. Der Wert des 2. Elementes der indiz. Variablen Y bildet den Index der Variablen X, d.h. er legt deren Element und damit deren Wert fest. Dies wird an folgendem Beispiel deutlich: (siehe unten) Der indizierten Variablen Y (2) wird der Wert 4 zugeordnet. Dieser Wert ist Index des Feldes X. Der indiz. Variablen X (4) ist der Wert 81 zuge-ordnet.
6	$C_{4 \cdot M}, G_{M,N}$	C(4 * M, G(M, N))	Die Erläuterung ergibt sich sinnentsprechend aus Aufgabe 4 und 5.

Beispiel zu Nr. 5:

Element des Feldes Y	1	2	3	4	...
Wert der Elemente	11	4	30	18	

Element des Feldes X	1	2	3	4	...
Wert der Elemente	98	5	67	81	

Aufgabe 6.4

13	9	2	108	9
3	(11)	4	7	27
31	29	17	(27)	25
1	5	8	19	99
(3)	4	16	7	21

a_{11}	a_{12}	a_{13}	a_{14}	a_{15}
a_{21}	(a_{22})	a_{23}	a_{24}	a_{25}
a_{31}	a_{32}	a_{33}	(a_{34})	a_{35}
a_{41}	a_{42}	a_{43}	a_{44}	a_{45}
(a_{51})	a_{52}	a_{53}	a_{54}	a_{55}

Die indizierten Variablen der eingekreisten Feldelemente heißen:

A (2,2); A (3,4); A (5,1)

Aufgabe 6.5

Nr.	Lösung
1	3 DIM F (15)
2	5 DIM Q (15,15), V (1$\emptyset$)
3	Nein

Aufgabe 6.6

Nr.	Funktion in mathem. Schreibweise	BASIC
1	$\sqrt{118,5}$	SQR (118.5)
2	ln 10	LOG (1$\emptyset$)
3	sin 3,289 (rad)	SIN (3.289)
4	cos 45°	COS (45 * $\emptyset.\emptyset$17453)
5	$\lvert A - 15 \rvert$	ABS (A – 15)
6	$\sqrt{\sin x}$	SQR (SIN (X))
7	$[\lvert x + 1 \rvert + \emptyset.5]$	INT ((ABS (X + 1) + $\emptyset$.5)

Aufgabe 8.1

Nr.	Arithmetischer Ausdruck
1	2 * A * * 3
2	A + B/C + D * * C
3	(A * * 2 + B * * 2) * .2
4	SQR (ABS (X + 1) + A)
5	K$\emptyset$ * (1 + P/1$\emptyset\emptyset$) * * N

Aufgabe 8.2

Nr.	BASIC-Schreibweise	Bemerkungen
1	5 LET U = 2 * P * R oder 10 LET U = 2 * 3.14 * R	Großbuchstaben verwenden. Multiplikationszeichen schreiben. Sonderzeichen π durch Variable P oder Wert 3.14 ersetzen. Dezimalpunkt nicht vergessen.
2	15 LET F = P * R * R oder 20 LET F = P * R ** 2 oder 25 LET F = 3.14 * R ** 2	
3	30 LET C = A + 2 * B ** (- 3)	Negatives Vorzeichen in Klammern setzen.
4	35 LET H = A + B/C + F * D ** E - G	
5	40 LET X = A (B - C * D)	
6	45 LET Y = A/(5 + 2 * B)	Der Nenner muß in Klammern gesetzt werden, da sich sonst der Ausdruck von Nr. 7 ergibt.
7	50 LET Y = A/5 + 2 * B	
8	55 LET E = A * B/C/D oder 56 LET E = A * B/(C * D)	
9	60 LET E = (7 / 8) * (X - Y) oder 61 LET E = 7 * (X - Y)/8	
10	65 LET C = SQR (A ** 2 + B ** 2)	Standardfunktion für Quadratwurzel verwenden.
11	70 LET A = COS (A * 3.14/180)	Sonderzeichen α durch Variable A ersetzen. Gradmaß ins Bogenmaß umwandeln.
12	75 LET B = (SIN (X)/COS (X)) ** 3	Unbekannte Funktion aus Standardfunktion ableiten.
13	80 LET Y = ABS (A) + ABS (B - C)	Standardfunktionen für Absolutwerte verwenden.

Aufgabe 8.3

Nr.	BASIC-Schreibweise	Mathem. Schreibweise
1	5 LET X = 4 * 3.14 * R ** 3/3	$x = \frac{4}{3} \pi r^3$
2	10 LET Y = 1/(M ** (- 2) - N ** (- 2))	$y = \dfrac{1}{\dfrac{1}{m^2} - \dfrac{1}{n^2}}$
3	15 LET Z = (1 - 2 * I) ** (1 /3)	$z = \sqrt[3]{1 - 2i}$
4	20 LET U = EXP (-Y * Y/(2 * P * S))	$u = e^{-\frac{y^2}{2\pi s}}$
5	25 LET V = EXP (N * LOG (Y))	$v = e^{n \ln y}$
6	30 LET Y = LOG ((ABS ((X + 1)/X))	$y = \ln \left| \frac{x + 1}{x} \right|$
7	35 LET W = ((A + B) ** 2) ** (1 /5)	$w = \sqrt[5]{(a + b)^2}$
8	40 LET N = A * (1 - EXP (-T/2))	$n = a\left(1 - e^{-\frac{t}{2}}\right)$
9	45 LET G = A ** ((N ** 2) -1)	$g = a^{n^2 - 1}$
10	50 LET C = SQR (A * A + B * B -2 * A * B * COS (G))	$c = \sqrt{a^2 + b^2 - 2 a b \cos \gamma}$
11	55 LET R1 = SQR (R * R + (O * A -1/(O * C)) ** 2)	$R_1 = \sqrt{R^2 + \left(\omega \cdot L - \frac{1}{\omega C}\right)^2}$

Bemerkungen

Nr. 10 gibt den aus der Dreiecksberechnung bekannten Kosinussatz an. Der Winkel γ (Variablenname G) muß hier im Bogenmaß eingegeben werden. Bei der Eingabe im Gradmaß muß, wie in Abschnitt 5.5 gezeigt wurde, das Gradmaß ins Bogenmaß umgerechnet werden. Nr. 11 stellt den praktischen Fall zur Berechnung des Scheinwiderstandes R_1 eines Serienschwingkreises, bestehend aus einem Widerstand R, einer Induktivität L und einer Kapazität C dar. Der Winkel ω (Variablenname O) muß hier im Bogenmaß eingegeben werden.

Aufgabe 9.1

Nr.	Steueranweisung	Erläuterung
1	25 GOTO 5	Die unbedingte Sprunganweisung 25 GOTO 5 bewirkt, daß das Programm mit der Anweisung der Anweisungsnummer 5 fortgesetzt wird.
2	5∅ ON I GOTO 5,1∅,15,2∅	Die nebenstehende berechnete Sprunganweisung bewirkt einen Sprung zur Anweisungsnummer 5, wenn I = 1 1∅, wenn I = 2 15, wenn I = 3 2∅, wenn I = 4 ist.
3	3∅ IF C > 1∅ THEN 15	Die nebenstehende Programmverzweigungsanweisung bewirkt einen Sprung zur Anweisung mit der Anweisungsnummer 15, wenn die Bedingung C > 1∅ erfüllt ist. Ist die Bedingung nicht erfüllt, dann wird im Programm mit der Anweisung der nächsthöheren Anweisungsnummer fortgefahren.
4	25 FOR I = 1TO12∅ STEP4 . . . 5∅ NEXT I	Die nebenstehende Schleifenanweisung beginnt mit der FOR-Anweisung und endet bei der NEXT-Anweisung. Die Schleife wird von der Schleifenvariablen I vom Wert I = 1 bis 12∅ mit der Schrittweite 4 durchlaufen.
5	25 FOR I = 1 TO 12∅ . . . 5∅ NEXT I	Die nebenstehende Schleifenanweisung weist gegenüber der vorangegangenen Schleifenanweisung eine andere Schrittweite auf. Die Schleifenvariable I durchläuft die Werte von 1 bis 12∅ mit der Schrittweite 1.

Aufgabe 9.2

Nr.	Aufgabe	Programmverzweigungsanweisung
1	Falls $x \leqslant 50$, springe zur Anweisungsnummer 10.	5 IF X <= 5∅ THEN 1∅
2	Falls a = b, springe zur Anweisungsnummer 35.	1∅ IF A = B THEN 35
3	Falls e = f + g, springe zur Anweisungsnummer 22.	15 IF E = F + G THEN 22
4	Falls $7z - 15 > X$, springe zur Anweisungsnummer 17.	2∅ IF 7 * Z −15 > X THEN 17
5	Falls $a1 + a2 + a3 \neq a_1 \cdot a_2$, springe zur Anweisungsnummer 200.	25 IF A1 + A2 + A3 <> A1 * A2 THEN 2∅∅

Aufgabe 9.3

Nr.	Steueranweisung	Ja	Nein	Bemerkung
1	2∅ GOTO n	0	⊗	Sprungziel muß eine Zahl sein.
2	3∅ ON Z ∗∗ 2 GOTO 3,4,5,6	⊗	0	
3	4∅ IF A1 $\leqslant$ A2 THEN 7∅	0	⊗	Sonderzeichen $\leqslant$ ist in BASIC $\leq=$
4	5∅ FOR I + 1 TO I + 1∅ . . . 1∅∅ NEXT I	0	⊗	Laufvariable fehlt
5	6∅ IF 2 ∗ X $<>$ ∅ GOTO 7∅	0	⊗	Der Sprung zur Anweisungsnummer 70 wird durch „THEN 7∅" ausgedrückt.

Aufgabe 9.4

Nr.	Aufgabe	Programmabschnitt
1	Wenn die Differenz von X und Y kleiner als Null ist, soll Z von der Differenz subtrahiert werden. Dies soll die neue Differenz sein. Falls X und Y größer oder gleich Null ist, soll Z zur Differenz addiert werden. Das Ergebnis soll in diesem Fall die neue Differenz sein.	. . . 2∅ LET D = X − Y 3∅ IF D $<$ ∅ THEN 7∅ 4∅ LET D = D + Z 5∅ GOTO 8∅ . . 7∅ LET D = D − Z 8∅ .... . .
2	Wenn das Produkt von A und B ungleich Null ist, soll das Produkt durch C geteilt werden. Anderenfalls soll zu dem Produkt D addiert werden.	. . . 2∅ LET P = A ∗ B 3∅ IF P $<>$ ∅ THEN 7∅ 4∅ LET P = P + D 5∅ GOTO 8∅ . 7∅ LET P = P/C 8∅ ... . .

Aufgabe 9.5

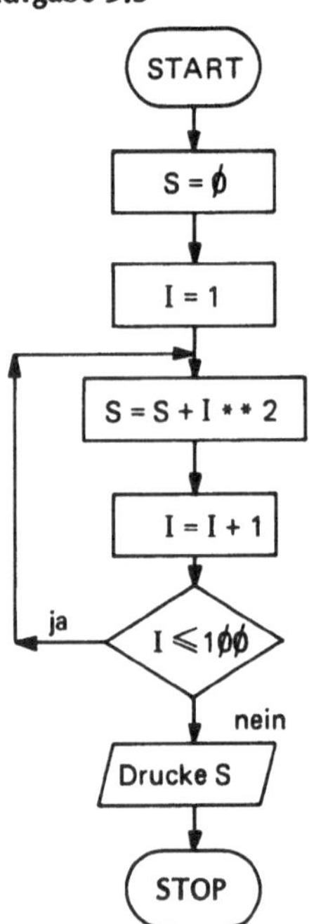

BASIC-Programm mit Programm- verzweigungsanweisung	BASIC-Programm mit Programm- schleifenanweisung

5 LET S = 0
10 LET I = 1
15 LET S = S + I ** 2
20 LET I = I + 1
25 IF I <= 100 THEN 15
30 ...
   .
   .
   .
	5 LET S = 0
	10 FOR I = 1 TO 100
	15 LET S = S + I ** 2
	20 NEXT I
	25 ...
	   .
	   .
	   .

Aufgabe 9.6

Mit den angegebenen Werten ergibt sich

$$A - B = 8,5 - 4,4 = 4,1$$

Da nur der ganzzahlige Teil von 4,1 berücksichtigt wird, verzweigt das Programm in diesem Fall zur vierten Anweisungsnummer in der Liste der Anweisungsnummern, d. h. zur Anweisungsnummer 80.

Aufgabe 10.1

Nr.	Programm
1	1Ø LET A = 5 2Ø LET B = − 3.5 3Ø LET C = Ø.6 4Ø LET X = 3 5Ø LET Y = A ∗ X ∗∗ 2 + B ∗ X + C . . . 1ØØ END
2	1Ø READ A, B, C, X 2Ø LET Y = A ∗ X ∗∗ 2 + B ∗ X + C . . . 6Ø DATA 5, −3.5, Ø.6,3 7Ø END
3	1Ø INPUT A, B, C, X 2Ø LET Y = A ∗ X ∗∗ 2 + B ∗ X + C . . . 6Ø END ? 5, −3.5, Ø.6,3

Aufgabe 10.2

Nr.	BASIC Eingabeanw.	Ja	Nein	Erläuterung
1	1Ø INPUT A1, A2, A3	⊗	0	
2	2Ø READ C, P3, A5	0	⊗	Die READ-Anweisung ist richtig aufgebaut, aber die DATA-Anweisung fehlt.
3	3Ø INPUT AB	0	⊗	Das Komma zwischen den Variablen A und B fehlt.
4	4Ø INPUT A (B), C (I + 2)	⊗	0	Indizierte Variablen sind in der Variablenliste erlaubt.
5	5Ø READ X, Y 6Ø READ Z . . 1ØØ DATA 1Ø 11Ø DATA Ø.8, −Ø.2	⊗	0	
6	6Ø READ R, S, T, U . . 7Ø DATA 5, 16, 18	0	⊗	Es sind nur 3 Werte für 4 Variablen vorhanden

Aufgabe 11.1

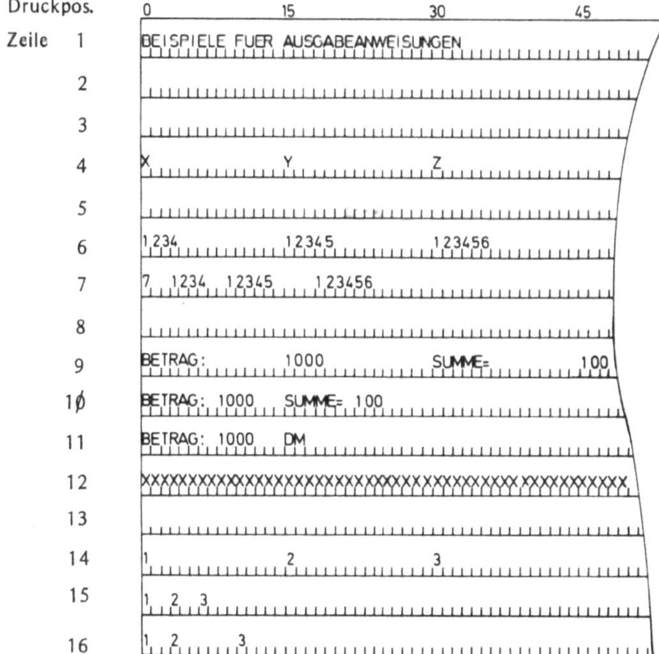

Aufgabe 11.2

Die Ausgabeanweisung lautet:

90 PRINT "BASIC IST EINE PROBLEMORIENTIERTE PROGRAMMIERSPRACHE"

Aufgabe 11.3

Programmteil	Erläuterung
$\vdots$ 8$\emptyset$ PRINT 9$\emptyset$ PRINT "X GRAD", "SIN (X)", "COS (X)" 1$\emptyset\emptyset$ PRINT 11$\emptyset$ LET X = $\emptyset$ 12$\emptyset$ LET B = 3.14/18$\emptyset$ * X 13$\emptyset$ LET Y = SIN (B) 14$\emptyset$ LET Z = COS (B) 15$\emptyset$ PRINT X, Y, Z 16$\emptyset$ LET X = X + 3$\emptyset$ 17$\emptyset$ IF X < = 9$\emptyset$ THEN 12$\emptyset$ 18$\emptyset$ END	8$\emptyset$: Ausgabe einer Leerzeile 9$\emptyset$: Komma als Listentrennzeichen; Ausgabe der drei Texte in drei Feldern mit je 15 Druckstellen 1$\emptyset\emptyset$: Ausgabe einer Leerzeile 11$\emptyset$: Setzen des Anfangswertes der Gradzahl 12$\emptyset$: Umrechnung Gradmaß in Bogenmaß 15$\emptyset$: Nach jeder Berechnung erfolgt eine erneute Ausgabe der Werte von X, Y und Z in einer Zeile (kein Listentrennzeichen am Ende der Liste!). 16$\emptyset$: Erhöhung der Gradzahl um 30 17$\emptyset$: Verzweigung; solange die Gradzahl kleiner als 90 ist, wird die Schleife durchlaufen; sonst wird das Programm beendet.

Aufgabe 11.4

Programmteil	Druckzeile	Erläuterung
1$\emptyset$ FOR I = 1TO6 2$\emptyset$ PRINT TAB (7 * I); I; 3$\emptyset$ NEXT I	1	*Drucken der 1. Zeile:* TAB (7 * I) gibt die Druckpositionen der folgenden Variablen I an.
35 PRINT 4$\emptyset$ FOR K = 1TO6 5$\emptyset$ PRINT TAB (7 * K); 6 + K; 6$\emptyset$ NEXT K	2	Die Variable I durchläuft alle ganzzahligen Werte von 1 bis 6. *Drucken der 2. Zeile:* TAB (7 * K) gibt die Druckpositionen des folgenden arithmetischen Ausdrucks 6 + K an.
65 PRINT 7$\emptyset$ FOR L = 1TO6 8$\emptyset$ PRINT TAB (7 * L); 12 + L; 9$\emptyset$ NEXT L 1$\emptyset\emptyset$ END	3	Die Variable K durchläuft wie die Variable I in der 1. Zeile alle ganzzahligen Werte von 1 bis 6. *Drucken der 3. Zeile:* Entsprechend zur 2. Zeile.

Sachwortverzeichnis

Weiterführende Literatur

Digitale Datenverarbeitung:

[1] *H. Schumny:* Digitale Datenverarbeitung für das technische Studium, Vieweg Verlag, Braunschweig 1975

BASIC-Literatur:

H. Rehbein: BASIC- leicht gemacht, VDI-Verlag, Düsseldorf 1974

D. D. Spencer: Anleitung zum praktischen Gebrauch von BASIC, Oldenbourg, München

W.-D. Schwill, R. Weibezahn: Einführung in die Programmiersprache BASIC, Vieweg, Braunschweig 1976

A. Alteneder, C. Offelder: BASIC-Praktikum, Siemens AG, Berlin und München 1972

Zum Thema Taschenrechner

Band 1 der neuen Reihe „Anwendung programmierbarer Taschenrechner" führt in die Programmiertechnik von Rechnertypen ein, die nach dem Prinzip der Umgekehrten Polnischen Notation (UPN) arbeiten und enthält für die im Titel genannten Themenbereiche zahlreiche ausgetestete Programme mit ausführlichen Kommentaren. Eine kurze Einführung in die Theorie der verschiedenen Problemstellung verdeutlicht die Herleitung des Lösungsalgorithmus.

Diese Lehr- und Übungsbücher führen den Leser in das Programmieren von Taschenrechnern ein, ohne daß Kenntnisse auf diesem Gebiet vorausgesetzt werden. Der Leser lernt die Programmiertechnik und die Fähigkeit mathematische und technische Probleme zu formulieren und in die Sprache des Rechners umzusetzen.

Im 1. Teil der Bücher werden die folgenden Gebiete behandelt: Manuelles Rechnen / Programmaufbau und Programmherstellung / Verzweigungen / Unterprogramme.

Im 2. Teil wird anhand vieler Beispiele aus der Mathematik und Technik gezeigt, wie die Programmiertechnik angewendet wird. Zahlreiche Übungsaufgaben geben dem Leser die Gelegenheit, sein gelerntes Wissen zu überprüfen und zu festigen. Die Bücher wenden sich vorwiegend an Studenten an Fachhochschulen und Universitäten und an Lehrer und Schüler der Sekundarstufe II.

Anwendung programmierbarer Taschenrechner

Angewandte Mathematik — Finanzmathematik — Statistik für UPN-Rechner
von Helmut Alt
1979. Ca. 160 S. DIN C 5
(Anwendung programmierbarer Taschenrechner, Bd. 1). Kartoniert

Hans Heinrich Gloistehn
Programmieren von Taschenrechnern

1 Lehr- und Übungsbuch für den **SR-56**
2., durchgesehene Auflage 1978. VI, 140 S. mit zahlr. Abb. 12,5 X 19,5 cm. Kartoniert

2 Lehr- und Übungsbuch für den **TI-57**
1978. IV, 112 S. mit zahlr. Abb. 12,5 X 19,5 cm. Kartoniert

3 Lehr- und Übungsbuch für den **TI-58** und **TI-59**
1978. IV, 150 S. mit zahlr. Abb. 12,5 X 19,5 cm. Kartoniert

Alfred Böge (Hrsg.)

Das Techniker Handbuch

Mit 1552 Abbildungen und 250 Tafeln. 3., völlig neubearbeitete Auflage 1977. 1472 Seiten. DIN C 5. Gebunden

Aus dem Inhalt:

Mathematik: Arithmetik ● Gleichungslehre ● Relationen. Abbildungen. Funktionen ● Planimetrie (ebene Geometrie) ● Stereometrie (räumliche Geometrie) ● Ebene Trigonometrie ● Analysis (Differential- und Integralrechnung)

Physik: Physikalische Größen und Einheiten ● Arbeits- und Energieeinheit Joule ● Skalare und Vektoren ● Bewegung und Bewegungsarten ● Geschwindigkeit ● Beschleunigung ● Masse, Massepunkt und Massenträgheitsmoment ● Dichte ● Gewichtskraft ● Gravitation oder Massenanziehung ● Trägheit und Trägheitsgesetz ● Dynamisches Grundgesetz ● Wechselwirkungsgesetz ● Kraft ● Trägheitskraft ● Statisches Gleichgewicht ● Dynamisches Gleichgewicht

Mechanik: Statik starrer Körper in der Ebene ● Dynamik ● Statik der Flüssigkeiten (Hydrostatik) ● Dynamik der Flüssigkeiten (Hydrodynamik)

Festigkeitslehre: Die einzelnen Beanspruchungsarten ● Zusammengesetzte Beanspruchungen ● Beanspruchung bei Berührung zweier Körper (Hertzsche Gleichungen) ● Nomogramme zur Festigkeitslehre

Werkstoffkunde: Chemische Grundlagen ● Metallkundliche Grundlagen ● Metallgewinnungsverfahren ● Technisch wichtige Legierungen des Eisens ● Nichteisenmetalle ● Kunststoffe ● Prüfung metallischer Werkstoffe

Wärmelehre: Grundbegriffe ● Wärme und Arbeit ● Thermodynamik vollkommener Gase ● Wärmeübertragung

Elektrotechnik: Grundlagen ● Anwendungen

Getriebelehre: Grundbegriffe der Getriebelehre ● Rädergetriebe ● Zugmittelgetriebe ● Schraubgetriebe ● Kurbelgetriebe ● Kurvengetriebe ● Sperrgetriebe

Spanlose Fertigung: Gießen ● Blechformung ● Verbindende Fertigungsverfahren

Zerspantechnik: Drehen und Grundbegriffe der Zerspantechnik ● Hobeln und Stoßen ● Räumen ● Fräsen ● Bohren ● Schleifen

Werkzeugmaschinen: Werkstück- und Werkzeugträger ● Werkstück- und Werkzeugspanner ● Spindellagerungen und Geradführungen ● Getriebe ● Gestelle

Betriebswirtschaftlehre: Rationalisierungsaufgaben ● Aufgaben der Betriebsabteilungen ● Organisation des Arbeitsablaufes ● Zeit und Menge im betrieblichen Arbeitsablauf ● Arbeitsgestaltung, Zeit- und Lohnermittlung

Kraft- und Arbeitsmaschinen: Feuerungstechnik ● Dampferzeugung ● Dampfturbinen ● Wasserturbinen ● Brennkraftmaschinen ● Pumpen ● Verdichter

Fördertechnik: Überblick über das Gesamtgebiet der Fördertechnik ● Die Baukastensystematik in der Fördertechnik ● Bauelemente der Fördertechnik ● Antriebe ● Bremsen und Sperrwerke ● Hebezeuge ● Kräne und Hängebahnen ● Stetigförderer ● Flurförderzeuge

Maschinenelemente: Normzahlen, Normmaße und Passungen ● Festigkeit und zulässige Spannung ● Klebeverbindungen ● Lötverbindungen ● Schweißverbindungen ● Nietverbindungen ● Schraubenverbindungen ● Bolzen-, Stiftverbindungen und Sicherungselemente ● Federn ● Achsen, Wellen und Zapfen ● Elemente zum Verbinden von Welle und Nabe ● Kupplungen ● Lager ● Zahnräder

Planetengetriebe: Bauformen ● Begriffe und Bezeichnungen ● Bewegungs- und Leistungsanalyse ● Vorzeichen und Zähnezahlverhältnis der Standübersetzung ● Momentenbeziehungen ● Kinematische Übersetzung, Transitleistung und Wirkungsgrad mit Reaktionsglied